高等职业教育创新型系列教材

机床电气控制线路分析与实践

许文斌 主　编
刘金荣　李红章　副主编

JICHUANG DIANQI KONGZHI
XIANLU FENXI
YU SHIJIAN

化学工业出版社
·北京·

内 容 简 介

《机床电气控制线路分析与实践》以典型电气控制电路的分析与实践为载体，理论与实践相结合，讲述了三相异步电动机选择与拆装训练、三相异步电动机启停控制、三相异步电动机顺序控制、三相异步电动机正反转控制、三相异步电动机制动控制、三相异步电动机速度控制、M7120平面磨床电气控制、X62W万能铣床电气控制、Z3050摇臂钻床电气控制等内容。本书配套视频微课等资源，可扫描二维码观看、学习。为方便教学，配套电子课件，可登录教学资源网（www.cipedu.com.cn）下载。

本书可作为职业院校机电类相关专业的教材，也可作为相关人员的培训用书和参考书。

图书在版编目（CIP）数据

机床电气控制线路分析与实践/许文斌主编. —北京：化学工业出版社，2022.8
高等职业教育创新型系列教材
ISBN 978-7-122-40030-7

Ⅰ.①机… Ⅱ.①许… Ⅲ.①机床-电气控制-控制电路-高等职业教育-教材 Ⅳ.①TG502.35

中国版本图书馆CIP数据核字（2021）第201545号

责任编辑：韩庆利　　　　　　　　　　　　　　文字编辑：宋　旋　陈小滔
责任校对：李雨晴　　　　　　　　　　　　　　装帧设计：史利平

出版发行：化学工业出版社（北京市东城区青年湖南街13号　邮政编码100011）
印　　装：大厂聚鑫印刷有限责任公司
787mm×1092mm　1/16　印张9¼　字数212千字　2022年9月北京第1版第1次印刷

购书咨询：010-64518888　　　　　　　　　　售后服务：010-64518899
网　　址：http://www.cip.com.cn
凡购买本书，如有缺损质量问题，本社销售中心负责调换。

定　　价：29.00元　　　　　　　　　　　　　　　　　　　　　版权所有　违者必究

前　言

本书是融合高职院校"三教"改革，从实际应用出发，以立德树人为根本任务，结合现代职业教育教材编写要素，紧紧围绕培养德智体美劳全面发展的高素质劳动者和技术技能人才培养目标，强化学生职业素养养成和专业技术积累，将专业精神、职业精神和工匠精神融入教材内容，按照项目导向、任务驱动的模式，以"工学结合、项目引导、任务驱动""做中学，学中做，学做一体，边学边做"一体化为原则编写的。全书以典型电气控制电路的分析、实践为载体，采用工作任务引领的方式将相关知识点融入工作项目中，突出了理论与实践相结合的特点，通过在任务训练中培养学习习惯、劳动习惯，提高应用技能，使学生掌握必要的基本理论知识，并使学生的实践能力、职业技能水平、分析问题和解决问题的能力不断提高。

本书共9个项目：三相异步电动机选择与拆装训练、三相异步电动机启停控制、三相异步电动机顺序控制、三相异步电动机正反转控制、三相异步电动机制动控制、三相异步电动机速度控制、M7120平面磨床电气控制、X62W万能铣床电气控制、Z3050摇臂钻床电气控制。本书适合作为高职院校电气自动化技术、机电一体化技术、机电设备技术、工业机器人技术、智能制造装备技术等专业学生的教材，同时也可作为中、高级维修电工培训的教材和参考用书。本书针对高职学生的特点，在内容安排上简明扼要，力求突出针对性、实用性，既注重理论知识的介绍，又注重实践环节的适用性。创设"一体化"编写体例，将教材项目内容分为项目引入、项目目标、知识链接、项目实施、项目总结、项目自检等环节，各项目分成若干任务，各任务以任务描述、任务分析、任务实施、任务小结为主线。将必需够用的理论知识融合到教、学、做一体化的学习情境中，让学生通过工作任务来学习专业知识，获得专业职业技能。学习项目安排由浅入深、从简到繁，通过具体项目教学，培养学生的综合职业能力。

本书由长沙航空职业技术学院许文斌担任主编，负责制订、编写大纲及最后统稿，刘金荣、李红章担任副主编，谌侨参加编写。在教材编写过程中得到了中电工业互联网有限公司邓子畏、长沙智能制造研究总院有限公司廖敏辉的大力指导，对全部书稿进行了认真、仔细的审阅，提出了许多宝贵的意见，在此表示深深的谢意。

本书在编写过程中，得到了编者所在学院的各级领导及同事们的支持与帮助，在此表示感谢，同时对书后所列参考文献的各位作者表示诚挚的谢意。

由于编者水平所限，书中如有不足之处敬请批评指正，以便修订时进行修改。

编　者

目　录

项目一　三相异步电动机选择与拆装训练 … 1

项目引入 … 1
项目目标 … 1
知识链接 … 1
　一、三相异步电动机的结构 … 1
　二、三相异步电动机的旋转磁场形成原理 … 4
　三、三相异步电动机的转动原理 … 7
　四、三相异步电动机首尾端的判别 … 8
　五、三相异步电动机的铭牌 … 9
　六、三相异步电动机的选择 … 12
项目实施 … 14
　任务一　三相异步电动机的结构拆装训练 … 14
　任务二　三相异步电动机的安装与调试 … 20
项目总结 … 22
项目自检 … 22

项目二　三相异步电动机启停控制 … 23

项目引入 … 23
项目目标 … 23
知识链接 … 24
　一、电磁式低压电器 … 24
　二、接触器 … 25
　三、继电器 … 28
　四、熔断器 … 32
　五、常用主令电器 … 33
项目实施 … 35
　任务一　三相异步电动机点动控制 … 35
　任务二　三相异步电动机长动控制 … 39
　任务三　三相异步电动机降压启动控制 … 42
　　子任务一　三相异步电动机 Y-△ 降压启动控制 … 42

  子任务二 三相异步电动机串电阻降压启动控制 …… 47
  任务四 三相异步电动机多地启停控制 …… 51
 项目总结 …… 54
 项目自检 …… 55

项目三　三相异步电动机顺序控制　57

 项目引入 …… 57
 项目目标 …… 58
 知识链接 …… 58
 项目实施 …… 59
  任务 三相异步电动机的顺序启动同时停止控制 …… 59
 项目总结 …… 62
 项目自检 …… 62

项目四　三相异步电动机正反转控制　63

 项目引入 …… 63
 项目目标 …… 63
 知识链接 …… 64
  一、低压断路器 …… 64
  二、行程开关 …… 66
 项目实施 …… 68
  任务一 "正-停-反"控制 …… 68
  任务二 "正-反-停"控制 …… 72
  任务三 双重联锁正反转控制 …… 76
  任务四 自动循环切换正反转控制 …… 80
 项目总结 …… 84
 项目自检 …… 84

项目五　三相异步电动机制动控制　86

 项目引入 …… 86
 项目目标 …… 86
 知识链接 …… 86
  一、速度继电器 …… 87
  二、制动电阻 …… 88
  三、变压器 …… 88
  四、硅堆 …… 89
 项目实施 …… 90

任务一　三相异步电动机能耗制动控制	90
任务二　三相异步电动机反接制动控制	94
项目总结	97
项目自检	97

项目六　三相异步电动机速度控制 — 98

项目引入 …… 98
项目目标 …… 98
知识链接 …… 98
　一、双速三相异步电动机 …… 98
　二、万能转换开关 …… 100
　三、接近开关 …… 101
项目实施 …… 104
　任务　△-YY 型双速电动机控制 …… 104
项目总结 …… 108
项目自检 …… 108

项目七　M7120 平面磨床电气控制 — 110

项目引入 …… 110
项目目标 …… 110
知识链接 …… 110
　一、电磁吸盘 …… 110
　二、单相桥式全波整流器 VC …… 111
　三、欠电压继电器 …… 111
　四、机床电气控制系统图 …… 111
　五、M7120 平面磨床基本结构和控制要求 …… 113
项目实施 …… 114
　任务　M7120 平面磨床电气控制检修 …… 114
项目总结 …… 120
项目自检 …… 120

项目八　X62W 万能铣床电气控制 — 121

项目引入 …… 121
项目目标 …… 121
知识链接 …… 121
　一、X62W 万能铣床基本结构 …… 121
　二、X62W 万能铣床主要运动形式及控制要求 …… 122

项目实施	123
任务　X62W 万能铣床电气控制检修	123
项目总结	130
项目自检	131

项目九　Z3050 摇臂钻床电气控制　　132

项目引入	132
项目目标	132
知识链接	132
一、Z3050 摇臂钻床基本结构	132
二、Z3050 摇臂钻床主要运动形式及控制要求	133
项目实施	133
任务　Z3050 摇臂钻床电气控制检修	133
项目总结	139
项目自检	139

参考文献　　140

项目一

三相异步电动机选择与拆装训练

项目引入

在机床的动力拖动中，电动机是其核心装置，交流电动机由于结构简单、坚固耐用、适应恶劣环境、容易维护等特点被广泛应用，而三相异步电动机是最重要的元件之一。那么，三相异步电动机的结构怎样？工作原理怎样？怎样选择使用？

项目目标

知识目标

1. 了解三相异步电动机旋转磁场形成原理；
2. 掌握三相异步电动机的转动原理；
3. 了解简单常规检测的方法；
4. 掌握三相异步电动机的结构；
5. 掌握三相异步电动机的接线方式与通电步骤；
6. 熟悉三相异步电动机的拆装步骤。

能力目标

1. 能够判断三相异步电动机的首尾端；
2. 能够按照工艺要求在实训工作台上进行三相异步电动机拆装；
3. 能够根据实际控制要求，正确选择电机参数；
4. 具备三相异步电动机拆装、接线和选择的基本技能；
5. 具备三相异步电动机维护与管理能力。

素质目标

1. 初步形成规矩意识，认识"无缺陷，零差错"；
2. 强化劳动观念，培养劳动意识；
3. 树立团队协作、互帮互助意识。

知识链接

一、三相异步电动机的结构

异步电动机具有运行可靠、结构简单、制造方便、维护容易、价格低廉等一系列优点，因此在各行各业中被广泛使用。异步电动机可分为三相异步电动机和单相异步电动

三相异步电动机的结构

机。单相异步电动机因容量小，在实验室和家用电器设备中用得较多，而三相异步电动机则广泛用于生产中。三相异步电动机的种类很多，但它们的基本结构类似，都是由定子和转子构成的，在定子和转子之间留有一定的气隙。此外，还有端盖、轴承、接线盒、吊环等其他附件，如图 1-1 所示。

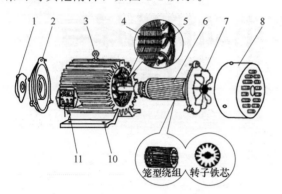

图 1-1 电动机的结构及外形

1—端盖；2—轴承盖；3—吊环；4—定子铁芯；5—定子绕组；6—转子；
7—风扇；8—罩壳；9—转轴；10—底座；11—接线盒

1. 定子

定子是电动机的固定部分，是用来产生旋转磁场的，一般由定子铁芯、定子绕组和外壳等组成。

（1）定子铁芯

定子铁芯是电动机磁路的一部分，如图 1-2（a）所示，它是由厚度为 0.35～0.5mm、表面涂有绝缘漆的薄硅钢片叠压而成的圆筒。由于硅钢片较薄而且片与片之间是绝缘的，所以减少了由于交变磁通通过引起的铁芯涡流损耗。铁芯内圆有均匀分布的槽口，用来嵌放定子绕组。定子硅钢片如图 1-2（b）所示。

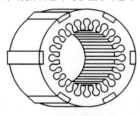 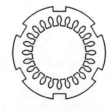 

(a) 定子铁芯　　　(b) 定子硅钢片　　　(c) 转子硅钢片

图 1-2 定子铁芯、定子硅钢片和转子硅钢片

（2）定子绕组

定子绕组是电动机电路的一部分，由绝缘铜线或铝线绕制而成，中、小型三相电动机多采用圆漆包线，大、中型三相电动机的定子绕组则用较大截面的绝缘扁铜线或扁铝线绕制。定子绕组由三个彼此独立的绕组组成，每个绕组即为一相，通入三相对称电流时，就会产生旋转磁场，它们在空间彼此相隔 120°电角度，每相绕组的多个线圈均匀分布嵌放在定子铁芯槽中。定子绕组的 3 个首端 U_1、V_1、W_1 和 3 个末端 U_2、V_2、W_2，都通过外壳上的接线盒连接到三相电源上。图 1-3（a）所示为定子绕组的星形接

法；图 1-3（b）所示为定子绕组的三角形接法。三相绕组具体应该采用何种接法，应视电力网的线电压和各相绕组的工作电压而定。目前我国生产的三相异步电动机，功率在 4kW 以下的一般采用星形接法，功率在 4kW 以上的采用三角形接法。

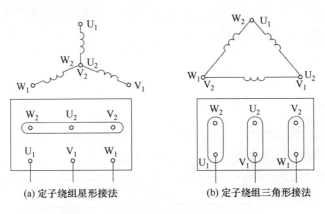

(a) 定子绕组星形接法　　(b) 定子绕组三角形接法

图 1-3　定子绕组的星形和三角形连接

2. 转子

转子主要用来产生旋转力矩，拖动生产机械旋转，一般由转子铁芯、转子绕组、转轴等组成。转轴用来固定转子铁芯和传递功率，一般用中碳钢制成。转子铁芯属于磁路的一部分，是用厚 0.5mm 的硅钢片［如图 1-2（c）所示］叠成的圆柱体，套在转轴上，铁芯外表面有均匀分布的槽用于放置转子绕组。根据转子绕组构造的不同，异步电动机的转子分为笼型转子和绕线型转子两种。

（1）笼型转子

笼型转子绕组在形式上与定子绕组完全不同。在转子铁芯的每个槽中放置一根铜条（也称为导条），铜条两端分别焊在两个端环上，称为铜排转子。用两个导电的铜环把槽内所有的铜条短接成一个回路，如图 1-4（a）所示。图 1-4（b）所示去掉铁芯后的转子绕组，形状像一个笼子，故称为笼型电动机。

现在中小型电动机一般都采用铸铝转子，即在转子铁芯外表面的槽中浇入铝液，并连同两端的短路环和作为散热用的多片风扇浇铸在一起，如图 1-5 所示，称为铸铝转子。

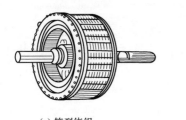　　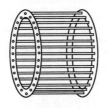

(a) 笼型绕组　　　　　(b) 转子外形

图 1-4　笼型转子

图 1-5　铸铝的笼型转子
1—铸铝条；2—转子铁芯；3—风叶

（2）绕线型转子

绕线型转子的外形结构如图 1-6（a）所示。转子的绕组与定子绕组相似，也是对称的三相绕组，一般接成星形。星形绕组的 3 根端线，接到固定在转轴上 3 个互相绝缘的集电环上，通过一组电刷引出与外电阻相连，其接线示意图如图 1-6（b）所示。使用时，可以在转子回路中串联电阻器或其他装置，以改善电动机的启动和调速特性。集电环上还安装有提刷短路装置，如图 1-6（c）所示。当电动机启动完毕而又不需要调速时，可操作手柄将电刷提起切除全部电阻，同时使 3 个集电环短路，其目的是减少电动机在运行中的电刷磨损和摩擦损耗。

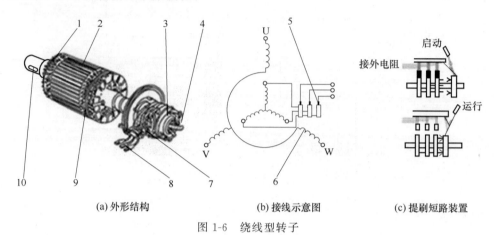

(a) 外形结构　　　　(b) 接线示意图　　　　(c) 提刷短路装置

图 1-6　绕线型转子

1—转子三相绕组；2—转子铁芯；3—集电环；4—转子绕组接线头；5—电刷；6—定子绕组；
7—刷架；8—电刷外接线；9—镀锌钢丝箍；10—转轴

3. 外壳

外壳包括机座、端盖、轴承盖、接线盒及吊环等部件，如图 1-1 所示。

机座：由铸铁或铸钢浇铸成型，其作用是安装和固定电动机。机座的外壳一般铸有散热片，具有散热功能。

端盖：由铸铁或铸钢浇铸成型，分布在电动机的两端，其作用是把转子固定在定子内腔中心，使转子能够在定子中均匀地旋转。

轴承盖：由铸铁或铸钢浇铸成型，其作用是固定转子，使转子不能轴向移动；另外，还具有存放润滑油和保护轴承的作用。

接线盒：一般是由铸铁浇铸的，其作用是保护和固定绕组引出线端子。

吊环：一般是铸钢制造，安装在机座的上端，用来起吊、搬抬三相电动机。

4. 其他

风扇用来通风冷却电动机，定子与转子之间的气隙，一般为 0.2～1.5mm。气隙太大，电动机运行时的功率因数会降低；气隙太小，装配困难，运行不可靠，高次谐波磁场增强，从而使附加损耗增加以及使启动性能变差。

二、三相异步电动机的旋转磁场形成原理

电动机的工作原理是建立在电磁感应定律、全电流定律、电路定律、电磁力定律等基础上的，三相异步电动机之所以能旋转起来，实现能量转换，是因为转子气隙内有一个旋转磁场，即在定子绕组中，通入三相交流电所产生的旋转磁场与转子绕组中的感应电流相互作用产生的电磁力形成电磁转矩，驱动转子转动，从而使电动机工作。

1. 旋转磁场

三相交流电具有产生旋转磁场的特性，如图 1-7（a）所示。取 3 个相同的线圈，使

它们的平面互成120°，并且做星形或三角形连接。通入三相交流电时，放在线圈中的小磁针就会不停地转动，这证明小磁针是由一个看不见的旋转磁场带动其转动的。转子的转动如图1-7（b）所示，把一个由铜条做成的可以自由转动的笼型转子装在马蹄形磁铁中间，磁铁与转子中间没有机械联系，当摇动手柄使马蹄形磁铁转动时，转子也会跟着转动，磁铁转得快，转子也转得快，磁铁转得慢，转子也转得慢，若使磁铁反转，转子也跟着反转。

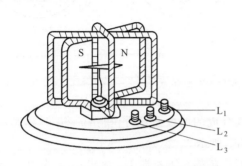

(a) 三相交流电产生的旋转磁场图　　　　(b) 电动机原理

图1-7　旋转磁场的产生

1—马蹄形磁铁；2—铜框

三相异步电动机定子绕组就是由三组互成120°的线圈绕组组成的，当通入三相交流电后，就会产生一个旋转磁场［设电流的参考方向如图1-8（a）所示］，将这3个绕组 U_1U_2、V_1V_2、W_1W_2 作星形连接。

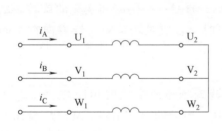 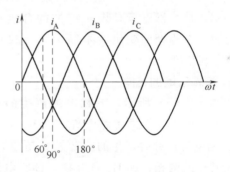

(a) 三相定子绕组示意图　　　　(b) 三相对称电流的波形

图1-8　三相定子绕组及波形

定子绕组中三组对称电流的波形如图1-8（b）所示。下面取不同时刻来进行分析。假定由绕组首端流入，从末端流出的电流为正，反之为负。用"×"表示电流流入纸面，"·"表示电流流出纸面。

在 $\omega t=0°$ 时，电流瞬时值分别为 $i_A=0$，i_B 为负，表明电流的实际方向与参考方向相反，即从末端 V_2 流入，从首端 V_1 流出；i_C 为正，表明电流的实际方向与参考方向一致，即从首端 W_1 流入，从末端 W_2 流出。根据右手螺旋定则，三相电流在瞬间所产生的磁场叠加结果，形成一个两极合成磁场（磁极对数 $p=1$），上为N极，下为S极，如图1-9（a）所示。

在 $\omega t=60°$ 时，i_A 为正，电流从首端 U_1 流入，从末端 U_2 流出；i_B 为负，电流从

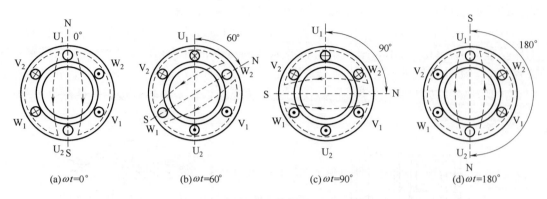

图 1-9 三相电流产生的旋转磁场

末端 V_2 流入，从首端 V_1 流出；$i_C=0$。其合成的两极磁场方位与 $\omega t=0°$ 时相比，已按顺时针方向在空间旋转了 60°，如图 1-9（b）所示。

在 $\omega t=90°$ 时，i_A 为正，电流从首端 U_1 流入，从末端 U_2 流出；i_B 为负，电流从末端 V_2 流入，从首端 V_1 流出；i_C 为负，电流末端 W_2 流入，从首端 W_1 流出，合成的两极合成磁场与 $\omega t=0°$ 时相比，已按顺时针方向在空间旋转了 90°，如图 1-9（c）所示。

同理，当 $\omega t=180°$ 时，合成磁场按顺时针方向在空间旋转了 180°，如图 1-9（d）所示。

综上分析可以看出：在空间相差 120°的三相绕组中通入对称三相交流电流，产生的是一对磁极（即磁极对数 $p=1$）的合成磁场，且是一个随时间变化的旋转磁场。当电流经过一个周期的变化（即 $\omega t=0°\sim360°$）时，合成磁场也顺时针方向在空间旋转 360°的空间角度。

2. 旋转磁场的转向

如图 1-8（a）所示，三相电流产生的旋转磁场通入电流的相序是 A—B—C，即 U_1U_2 绕组通入电源的 A 相电流，V_1V_2 绕组通入电源的 B 相电流，W_1W_2 绕组通入电源的 C 相电流，此时产生的旋转磁场是顺时针方向。若将通入三相绕组中电流相序任意调换其中的两相，如 B、C 互换，即将电流 i_B 通入 W_1W_2 绕组，电流 i_C 通入 V_1V_2 绕组，如图 1-10（a）所示。按上述（见图 1-9 的说明）方法进行分析，旋转磁场的转向变为逆时针方向，如图 1-10（b）、（c）所示。因此，只要将流入定子三相绕组中的电流相序任意两相对调，就能改变旋转磁场的转向，也就改变了电动机的旋转方向。

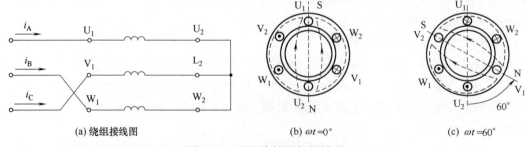

图 1-10 改变旋转磁场的转向

3. 四极旋转磁场

如果将三相异步电动机的每相定子绕组分成两部分，即 U_1U_2 绕组由 U_1U_2 和 $U'_1U'_2$ 串联组成，V_1V_2 绕组由 V_1V_2 和 $V'_1V'_2$ 串联组成，W_1W_2 绕组由 W_1W_2 和 $W'_1W'_2$ 组成，如图 1-11（a）所示绕组始端之间相差 60°空间角。用同样的分析方法可以得出所形成的合成磁场是四极，即产生两个 N 极和两个 S 极，如图 1-11（b）、（c）所示，磁极对数 $p=2$。其合成的四极旋转磁场在空间转过的角度是定子电流电角度的一半，即电流变化一周，旋转磁场在空间只转了半周，证明旋转磁场的转速与电动机的合成磁极对数有关，且与磁极对数成反比。

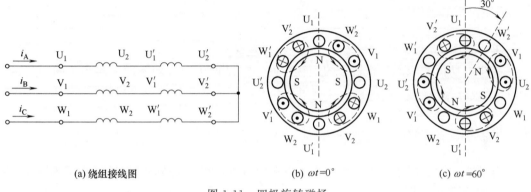

(a) 绕组接线图　　　(b) $\omega t=0°$　　　(c) $\omega t=60°$

图 1-11　四极旋转磁场

三、三相异步电动机的转动原理

1. 三相异步电动机的转动原理

当电动机的定子绕组通以三相交流电时，便在气隙中产生旋转磁场。设旋转磁场以 n_0（同步转速）的速度顺时针旋转，此时静止的转子与旋转磁场之间存在着相对运动（相当于磁场静止，转子以转速 n_0 沿逆时针方向切割磁力线），产生感应电动势，其方向可根据右手定则确定（假定磁场不动，导体以相反的方向切割磁力线）。由于转子电路为闭合电路，在感应电动势的作用下，在转子导体中便产生感应电流。而转子导体处在磁场中受电磁力作用形成电磁转矩，因而受到电磁力 F 的作用，由左手定则确定转子电流所受电磁力 F 的方向也是顺时针的，此电磁力 F 对转轴产生顺时针方向的电磁转矩 T，驱动转子以转速 n

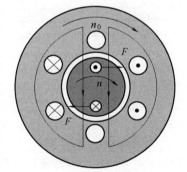

图 1-12　三相异步电动机转动原理

顺着旋转磁场的方向旋转，并从轴上输出一定大小的机械功率，这就是转子转动的工作原理，如图 1-12 所示。

由于异步电动机定子和转子之间的能量传递是靠电磁感应作用的，因此异步电动机也称感应电动机。

2. 同步转速

三相交流电产生的旋转磁场的转速叫作同步转速，它与电流的频率成正比，与电动机的磁极对数 p 成反比，用 n_0 表示，单位为 r/min；可由下式确定：

$$n_0 = 60f_1/p$$

式中　n_0——电动机同步转速（即旋转磁场的转速），r/min；

　　　f_1——定子电流频率，Hz；

　　　p——磁极对数（由三相定子绕组的布置和连接决定）。

$p=1$ 为二极，$p=2$ 为四极，$p=3$ 为六极，以此类推。对于一台已制造好的电动机，磁极对数 p 是固定的，且电网频率也是固定的，所以同步转速也是固定的，如表 1-1 所示。

三相异步电动机的转速

表 1-1　磁极对数与同步转速的关系

磁极对数 p	1	2	3	4	5	6
同步转速 n_0/(r/min)	3000	1500	1000	750	600	500

3. 异步电动机中的"异步"、转差和转差率

异步电动机的转速是指转子的旋转速度，它接近于同步转速而又略小于同步转速。假设 $n=n_0$，则转子与旋转磁场之间将无相对运动，转子导体就不再切割磁力线，其感应电动势、感应电流和电磁转矩均为零，转子也不可能继续以 n_0 的转速转动。因此，异步电动机转子的转速 n 不可能达到同步转速 n_0，即"异步"。$n<n_0$ 是异步电动机工作的必要条件。

电动机的同步转速 n_0 与转子 n 之差称为转差，转差与同步转速 n_0 的比值称为转差率。用 S 表示，即

$$S=(n_0-n)/n_0 \times 100\%$$

则

$$n_0=60(1-S)f_1/p$$

转差率是分析异步电动机运动情况的一个重要参数。在电动机启动时 $n=0$，$S=1$。当 $n=n_0$ 时（理想空载运行），$S=0$；稳定运行时，n 接近 n_0，S 很小，一般为 $2\%\sim7\%$。

例如：一台四极异步电动机，三相电源频率为 50Hz，额定转差率为 0.04，则该台电动机在额定运行时转速为

$$n=(1-s)\times 60f_1/p=(1-0.04)\times 60\times 50/2=1440 \text{r/min}$$

4. 电磁转矩

由三相异步电动机的转动原理可知，异步电动机的电磁转矩 T 是由转子电流 I_2 在旋转磁场中受到电磁阻力作用而产生的，且满足下式：

$$T=K_t \Phi I_2 \cos\varphi_2$$

式中　T——电动机的电磁转矩，N·m；

　　　K_t——与电动机结构相关的常数；

　　　Φ——旋转磁场每极的磁通量，Wb；

　　　I_2——转子电流的有效值，A；

　　　$\cos\varphi_2$——转子电路的功率因数。

上式表明，异步电动机的电磁转矩与旋转磁场每极的磁通量 Φ 成正比，与转子电流的有功分量 $I_2\cos\varphi_2$ 成正比。

四、三相异步电动机首尾端的判别

当三相定子绕组重绕以后或将三相定子绕组的连接片拆开以后，此时定子绕组的六

个出线端往往不易分清,则首先必须正确判定三相绕组的六个出线端的首尾端,才能将电动机正确接线并投入运行。六个接线端的首尾端判别方法有以下两种。

1. 低压交流电源法(36V)

① 用万用表欧姆挡先将三相绕组分开。

② 给分开后的三相绕组的六个接线端进行假设编号,分别编为 U_1、U_2、V_1、V_2、W_1、W_2。

然后按如图 1-13 所示把任意两相中的两个接线端(设为 V_1 和 U_2)连接起来,构成两相串联绕组。

三相异步电动机的首尾端判别

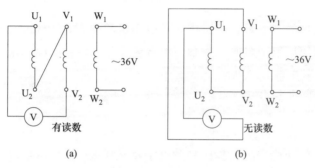

图 1-13 用低压交流电源法检查绕组首尾端

③ 在另外两个接线端 V_2 和 U_1 上接交流电压表。

④ 在另一相绕组 W_1 和 W_2 上接 36V 交流电源,如果电压表有读数,那么说明 U_1、U_2 和 V_1、V_2 的编号正确。如果无读数,则把 U_1、U_2 或 V_1、V_2 的编号对调一下即可。

⑤ 用同样方法判定 W_1、W_2 的两个接线端。

2. 干电池法

① 首先用前述方法分开三相绕组,并进行假设编号。

② 按如图 1-14 所示接线,闭合电池开关的瞬间,若微安表指针摆向大于零的一侧,则连接电池正极的接线端与微安表负极所连接的接线端同为首端(或同为尾端)。

笔记

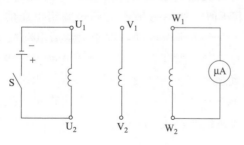

图 1-14 用干电池法检查绕组首尾端

③ 再将微安表连接另一相绕组的两接线端,用上述方法判定首尾端即可。

五、三相异步电动机的铭牌

要想正确地使用三相异步电动机,首先必须了解三相异步电动机铭牌数据的含义。不按铭牌数据的要求使用,三相异步电动机的能力将得不到充分的发挥,甚至会损坏。

三相异步电动机的铭牌

现以 Y132M-4 型三相异步电动机为例，说明铭牌上各个数据的含义，如表 1-2 所示。

表 1-2 三相异步电动机的铭牌

型号	Y132m-4	功率	7.5kW	频率	50Hz
电压	380V	电流	15.4A	接法	△
转速	1440r/min	绝缘等级	B	工作方式	连续
年 月 日				***电机	

1. 型号

三相异步电动机的型号是表示三相异步电动机的类型、用途和技术特征的代号。用大写拼音字母和阿拉伯数字组成，各有一定含义。如 Y132M-4 中：

Y——三相笼型异步电动机；

132——机座中心高 132mm；

M——机座长度代号；

4——磁极数（磁极对数 $p=2$）。

常用三相异步电动机产品名称代号及汉字意义如表 1-3 所示。

表 1-3 常用三相异步电动机产品名称代号及汉字意义

产品名称	新代号（旧代号）	汉字意义	适用场合
笼型异步电动机	Y，Y-L（J，JO）	异步	一般用途
绕线型异步电动机	YR（JR，JRO）	异步 绕线	小容量电源场合
防爆型异步电动机	YB（JB，JBS）	异步 防爆	石油、化工、煤矿井下
防爆安全型异步电动机	YA（JA）	异步 安全	石油、化工、煤矿井下
高启动转矩异步电动机	YQ（JQ，JQO）	异步 启动	静负荷、惯性较大的机器

注：表中 Y、Y-L 系列是新产品。Y 系列定子绕组是铜线，Y-L 系列定子绕组是铝线。

2. 电压及接法

铭牌上的电压是指电动机额定运行时，加在定子绕组出线端的线电压，即额定电压，用 U_N 表示。电源电压值的变动一般不应超过额定电压的 ±5%。电压过高，电动机容易烧毁；电压过低，电动机难以启动，即使启动后电动机也可能带不动负载，容易烧坏。三相异步电动机的额定电压有 380V、3000V、6000V 等多种。

Y 系列三相异步电动机的额定电压统一为 380V。电动机如标有两种电压值，如 220/380V，则表示当电源电压为 220V 时，电动机应作星形连接；当电源电压为 380V 时，电动机应作三角形连接。铭牌上的接法是指电动机在额定运行时定子绕组的连接方式。

3. 电流

铭牌上的电流是指电动机在额定运行时，定子绕组中的线电流，即额定电流，用 I_N 表示。若超过额定电流（过载）运行，三相电动机就会过热乃至烧毁。

4. 功率、功率因数和效率

铭牌上的功率是指电动机在额定运行状态下，其轴上输出的机械功率，即额定功率，用 P_N 表示。对电源来说电动机为三相对称负载，则电动机的输入功率为

笔记

$$P_{1N}=\sqrt{3}U_N I_N \cos\phi$$

式中，$\cos\phi$ 是定子的功率因数，即定子相电压与相电流相位差的余弦。

笼型异步电动机在空载或轻载时的 $\cos\phi$ 很低，约为 0.2～0.3。随着负载的增加，$\cos\phi$ 迅速升高，额定运行时功率因数约为 0.7～0.9。为了提高电路的功率因数，要尽量避免电动机轻载或空载运行。因此，必须正确选择电动机的容量，防止"大马拉小车"，并力求缩短空载运行时间。

电动机的效率为

$$\eta = P_N/P_{1N} \times 100\%$$

5. 频率

铭牌上的频率是指定子绕组外加的电源频率，即额定频率，用 f_1 或 f_N 表示。我国电网的频率为 50Hz。

6. 转速

铭牌上的转速是指电动机在额定电压、额定频率及输出额定功率时的转速，用 n_N 表示。由于额定状态下 S_N 很小，n_N 和 n_0 相差很小，故可根据额定转速判断出电动机的磁极对数，例如，若 $S_N=1440$r/min，则其 n_0 应为 1500r/min，从而推断出磁极对 $p=2$。

7. 绝缘等级

绝缘等级是根据电动机绕组所用的绝缘材料，按使用时的最高允许温度而划分的不同等级。常用绝缘材料的等级及其最高允许温度如表 1-4 所示。

表 1-4 常用绝缘材料的等级及其最高允许温度

绝缘等级	A	E	B	F	H	C
最高允许温度/℃	105	120	130	155	180	>180

注：上述最高允许温度为环境温度（40℃）和允许温升之和。

笔记

8. 工作方式

工作方式是对电动机在铭牌规定的技术条件下持续运行时间限制，以保证电动机的温升不超过允许值。电动机的工作方式可分为以下 3 种。

（1）连续工作方式

在额定状态下可长期连续工作，用 S1 表示，如机床、水泵、通风机等设备所用的异步电动机。

（2）短时工作

在额定情况下持续运行时间不允许超过规定的时限，否则会使电动机过热，用 S2 表示。短时工作为 10、30、60、90min 4 种。

（3）断续工作

可按与系列相同的工作周期、以间歇方式运行，用 S3 表示，如吊车、起重机等。

9. 防护等级

防护等级是指外壳防护性电动机的分级，用 IPxx 表示。其后面的两位数字分别表示电动机防固体和防水能力。数字越大，防护力越强，如 IP44 中第一个数字"4"表示电机能防止直径或厚度大于 1mm 的固体进入电机内壳；第二个数字"4"表示能承受任何方向的溅水。

在铭牌上除了给出以上主要数据外，有时还要了解其他一些数据，一般可从产品资料和有关手册中查到。

三相异步电动机的选择

六、三相异步电动机的选择

三相异步电动机的选择是否合理，对电气设备是否能安全运行和具有良好的经济、技术指标有很大的影响。在选择电动机时，应根据电源类型、生产机械对拖动性能的需要，合理选择其功率、种类和型号等。

1. 种类的选择

三相异步电动机的主要种类、性能特点及典型应用实例如表1-5所示。根据电源类型、机械特性、调速与启动特性、维护及价格等方面来选择电动机。

表1-5　三相异步电动机的主要种类、性能特点及典型应用实例

电动机种类			主要性能特点	典型生产机械举例
交流异步电动机	笼型	普通笼型	机械特性硬、启动转矩不大	调速性能要求不高的各种机床、水泵、通风机
		高启动转矩	启动转矩大	带冲击性负载的机械，如剪床、冲床、锻压机；静止负载或惯性负载较大的机械，如压缩机、粉碎机、小型起重机
		多速	有几挡转速（2～4速）	要求有级调速的机床、电梯、冷却塔等
	绕线型		机械特性硬（转子串电阻后变软）、启动转矩大、调速方法多、调速性能及启动性好	要求有一定调速范围、调速性能较好的生产机械，如桥式起重机；启动、制动频繁且对启动、制动转矩要求高的生产机械

2. 结构的选择

笔记

电动机的结构形式应适应周围环境条件的要求。电动机工作场所的空气中含有不同分量的灰尘和水分，有的还含有腐蚀性气体甚至含有易燃易爆气体；有的电动机则要在水中或其他液体中工作。灰尘会使电动机绕组黏结上污垢而妨碍散热；水分、瓦斯、腐蚀性气体等会使电动机的绝缘材料性能退化，甚至会完全丧失绝缘能力；易燃、易爆气体与电动机内产生的电火花接触时将有发生燃烧、爆炸的危险。因此，为了保证电动机能够在其工作环境中长期安全运行，必须根据实际环境条件合理地选择电动机的防护方式。电动机结构形式的特点及应用场合如表1-6所示。

表1-6　电动机结构形式的特点及应用场合

结构形式	特　点	适用场合
开起式	结构上无防护装置，通风良好	干燥、无尘的场合
防护式	机壳或端盖下有通风罩，可防杂物掉入	一般场合
封闭式	外壳严密封闭，电动机靠自身风扇或外部风扇冷却，并带散热片	潮湿、多灰尘或酸性气体场合
防爆式	整个电动机严密封闭	有爆炸性气体的场合

3. 功率（即容量）的选择

电动机的容量必须与生产机械的负载大小相匹配，同时要考虑生产机械的工作性质

与其持续、间断的规律相适应。对连续运行的电动机，要先算出生产机械的功率，使所选电动机的额定功率等于或稍大于生产机械功率即可。对短时运行的电动机，可根据过载系数 λ 来选择功率。电动机的额定功率可以是生产机械所要求功率的 $1/\lambda$。

4. 电压的选择

电压的选择要根据电动机类型、功率及使用地点的电源电压等级来决定。我国的交流供电电源，低压通常为 380V，高压通常为 3000V、6000V 或 10000V。中等功率（约 20kW）以下的交流电动机，额定电压一般为 380V；大容量的电动机（大于 100kW）在允许条件下一般选用 3000V 或 6000V 的高压电动机，小容量的 Y 系列笼型电动机电压只有 380V 一个等级。

5. 转速的选择

对电动机本身来说，额定功率相同的电动机，额定转速越高，体积就越小，造价就越低，效率也越高。转速高的异步电动机，其功率因数也高。但是，如果生产机械要求低转速，那么选用较高转速的电动机时，就需要增加一套传动比高、体积较大的减速传动装置。因此，在选择电动机的额定转速时，应综合电动机和生产机械两方面的因素来确定。

① 对不需要调速的高、中速生产机械（如泵、鼓风机），可选择相应额定转速的电动机，从而省去减速传动机构。

② 对不需要调速的低速生产机械（如球磨机、粉碎机），可选用相应的低速电动机或者传动比较小的减速机构。

③ 对经常启动、制动和反转的生产机械，选择额定转速时则应主要考虑缩短启、制动时间以提高生产率。启、制动时间的长、短主要取决于电动机的飞轮矩和额定转速，应选择较小的飞轮矩和额定转速。

④ 对调速性能要求不高的生产机械，可选用多速电动机或者选择额定转速稍高于生产机械的电动机配以减速机构，也可以采用电气调速的电动机拖动系统。在可能的情况下，应优先选用电气调速方案。

⑤ 对调速性能要求较高的生产机械，应使电动机的最高转速与生产机械的最高转速相适应，直接采用电气调速。

6. 三相异步电动机的使用注意事项

① 三相异步电动机要按照铭牌所载电压、频率、功率、转速等规格与实际负载配套使用。

② 经常进行外部件机械检查，要注意检查各部件是否完好、螺钉是否松动及轴承的润滑情况。

③ 使用前要用 500V 兆欧表检查电动机的绝缘情况，绝缘电阻值大于 $0.5\text{M}\Omega$ 后方能使用，低于 $0.5\text{M}\Omega$ 时要做烘干处理，电动机应在 70～80℃下烘 7～8h。

④ 检查线路电压与电动机额定电压是否相符，线路电压的变动不应超出电动机额定电压的 5%。

⑤ 检查线路连接是否正确，各接触点是否接触良好，保险设备是否完好，熔丝额定电流应为电动机额定电流的 1.5～2.5 倍。

⑥ 电动机在运行前应该装保护接地线或保护接零线。

 项目实施

任务一　三相异步电动机的结构拆装训练

任务描述

现有一小型三相笼型异步电动机，对其进行拆分与重装。具体任务如下：按照正确步骤对三相异步电动机进行拆装、检查，电动机结构见图 1-15。通过拆装训练掌握三相异步电动机的结构，提高动手能力，养成规矩意识。

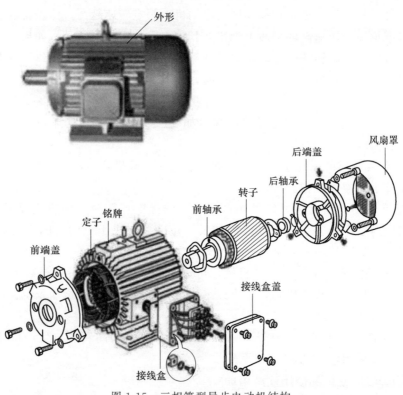

图 1-15　三相笼型异步电动机结构

任务分析

对异步电动机拆装时，必须首先做好拆卸前的准备，然后按拆卸步骤拆卸，再按装配步骤装配，调整各部间隙和定子绕组首尾端判别，按规定进行检查。

任务实施

一、实践目的

① 熟悉并掌握三相异步电动机的结构组成；
② 掌握三相异步电动机的拆装方法。

二、实践设备及仪器(表 1-7)

表 1-7 实践设备及工具列表

名称	规格型号	数量	备注
三相异步电动机	Y-112M-4	25 台	
万用表		25 个	
兆欧表		25 个	
钳形电流表		25 个	
拉马		25 个	
油盘		25 个	
活动扳手		25 把	
十字螺丝刀		25 把	
一字螺丝刀		25 把	
紫铜棒		25 根	
钢套筒棒		25 根	
毛刷		25 个	

三、异步电动机拆卸前的准备

① 标好电源线在接线盒的相序标记,以免安装电动机时搞错相序。

② 检查拆卸电动机的专用工具是否齐全。

③ 做好相应的标记和必要的数据记录。

a. 在带轮或联轴器的轴伸端做好定位标记,测量并记录联轴器或带轮与轴台间的距离。

b. 在电动机机座与端盖的接缝处做好标记,如图 1-16 所示。

图 1-16 给电动机做标记

c. 在电动机的出轴方向及引出线在机座上的出口方向做好标记。

d. 三相异步电动机拆卸的基本步骤:拆卸带轮→拆卸联轴器→拆卸风扇罩→拆卸风扇→拆卸后端盖螺钉→拆卸前端盖→抽出转子→拆卸轴承。

三相异步电动机的拆卸见表 1-8。

表 1-8　三相异步电动机的拆卸

步骤	操作步骤	操作要点	操作记录
1	拆卸带轮或联轴器	①在带轮或联轴器的轴伸端上做好尺寸标记；②将带轮或联轴器上的定位螺钉松脱取下；③装上拉具的丝杠顶端时要对准电动机轴端的中心，使其受力均匀；④转动丝杠，把带轮或联轴器慢慢拉出，如拉不出，不要硬卸，可在定位螺钉内注入煤油，过一段时间再拉。注意，此过程中不能用锤子直接敲出带轮或联轴器，否则可能使带轮或联轴器损坏	
2	拆卸楔键	拆卸楔键时应注意用木锤轻轻敲打楔键四周，避免损伤转轴	
3	拆卸风罩和风叶	①把外风罩螺钉松脱，取下风罩；②把转轴尾部风叶上的定位螺钉松脱取下；③用金属棒或锤子在风叶四周均匀地轻敲，风叶就可松脱下来。小型异步电动机的风叶一般不用卸下，可随转子一起抽出，但在后端盖内的轴承需要加油或更换时，就必须拆卸。对于采用塑料风叶的电动机，可用热水浸泡塑料风叶，待其膨胀后再拆卸	

续表

步骤	操作步骤	操作要点	操作记录
4	拆卸端盖螺钉（前端盖、后端盖）	操作时注意选择适当扳手,逐步松开端盖对角紧固螺栓,用紫铜棒均匀敲打端盖有脐的部分	
5	拆卸后端盖	对于小型电动机,可先把轴伸出端的轴承外盖卸下,再松开后端盖的固定螺栓(如风叶装在轴伸出端的,则需先把后端盖外面的轴承外盖取下),然后用木锤敲打轴伸出端,这样可把转子连同后端盖一起取下。抽出转子时,应小心谨慎、动作缓慢,不可歪斜,以免碰擦定子绕组	

续表

步骤	操作步骤	操作要点	操作记录
6	拆卸前端盖  	木锤沿前端盖四周移动,轻轻敲打,卸下前端盖	
7	取下后端盖 	取下后端盖操作时应注意锤子沿后端盖四周移动,轻轻敲打,不要损伤转子	
8	拆卸轴承 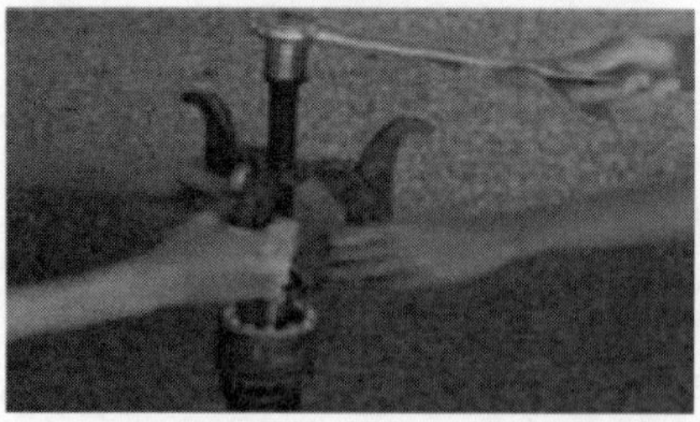	拆卸轴承,目前采用拉具拆卸、铜棒拆卸、放在圆筒上拆卸、加热拆卸、轴承在端盖内拆卸等5种方法。用拉具拆卸轴承的方法:根据轴承的规格及型号,选用适宜的拉具,拉具的脚爪应扣在轴承的内圈上,切勿放在外圈上,以免拉坏轴承。拉具的丝杠顶点要对准转子轴端中心,动作要慢,用力要均匀,然后慢慢拉出	

四、异步电动机装配过程

(1) 装配注意事项

① 用压缩空气吹净电动机内部灰尘,检查各部零件的完整性,清洗油污,并直观检查绕组有无变色、焦化、脱落或擦伤;检查线圈是否松动、接头有无脱焊,如有上述现象该电机就需另做处理。

② 装配异步电动机的步骤与拆卸相反。装配前要检查定子内污物，锈是否清除，止口有无损坏伤，装配时应将各部件按标记复位，轴承应加适量润滑脂并检查轴承盖配合是否合适。

(2) 主要部件的装配方法

轴承装配可采用冷装配法和热套法。

① 冷装配法——在干净的轴颈上抹一层薄薄的全损耗系统用油。把轴承套上，按图 1-17 (a) 所示方法用一根内径略大于轴颈直径、外径略大于轴承内圈外径的铁管，将铁管的一端顶在轴承的内圈上，用锤子敲打铁管的另一端，将轴承敲进去。最好是用压床压入。

② 热套法如轴承配合较紧，为了避免把轴承内环胀裂或损伤配合面，可采用热套法。将轴承放在油锅里（或油槽里）加热，油的温度保持在 100℃ 左右，轴承必须浸没在油中，又不锅底接触，可用铁丝将轴承吊起并架空［见图 1-17 (b)］，要均匀加热，浸入 30～40min 后，把轴承取出，趁热迅速将轴承一直推到轴颈。

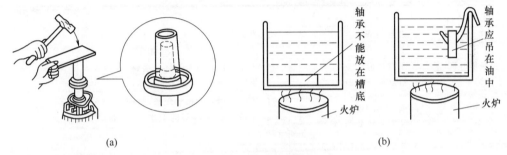

图 1-17　轴承的装配

五、三相异步电动机定子绕组首尾端的判别

① 用万用表找出三相绕组各相的两个线头，做好标记。
② 用 36V 低压交流电源法判别三相定子绕组的首尾端。
③ 用剩磁感应法或电池法进行校验。
④ 校验正确后给三相定子绕组分别标上首尾端标记 U_1、U_2、V_1、V_2、W_1、W_2。

六、异步电动机装配后的检查

(1) 一般检查

检查电动机的转子转动是否轻便灵活，如转子转动比较沉重，可用纯铜棒轻敲端盖，同时调整端盖紧固螺栓的松紧程度，使之转动灵活。检查绕线转子电动机的刷握位置是否正确，电刷与集电环接触是否良好，电刷在刷握内是否卡死，弹簧压力是否均匀等。

(2) 绝缘电阻检查

检查电动机的绝缘电阻，用兆欧表摇测电动机定子绕组中相与相之间、各相对机壳之间的绝缘电阻，对于绕线转子异步电动机，还应检查各相转子绕组间及对地间的绝缘电阻。额定电压为 380V 的电动机用 500V 的兆欧表测量，绝缘电阻应不低于 $0.5\text{M}\Omega$。大修更换绕组后的绝缘电阻一般不低于 $5\text{M}\Omega$。

(3) 通电检查

根据电动机的铭牌与电源电压正确接线,并在电动机外壳上安装好接地线,启动电动机。

① 用钳形电流表分别检测三相电流是否平衡。

② 用转速表测量电动机的转速。

③ 让电动机空转运行 0.5h 后,检测机壳和轴承处的温度,观察振动和噪声。对于绕线式电机,在空载时,还应检查电刷有无火花及过热现象。

七、现场考核

实践训练环节,指导老师在讲解完任务注意事项后,按实训条件进行分组训练,在实践考核过程中,指导老师可以根据表 1-9 各项评分标准进行打分,课后布置任务拓展评分也可参考此评分标准。

表 1-9 三相异步电机拆装评判标准

项目内容	评分点	扣分标准	配分
准备工作	1. 设备的清洁 2. 工具的清点	1. 设备有灰尘、污垢,扣 5 分; 2. 工具及仪器准备不全,扣 5 分	10
三相异步电机拆卸工艺	1. 工具摆放 2. 拆卸操作规范性	1. 工量具使用后未按标准摆放扣 5 分; 2. 拆卸不正确、损坏零部件扣 10~20 分	30
三相异步电机装配工艺	1. 安装牢固性 2. 装配操作规范性	1. 安装不牢固有松动现象,每处扣 10 分; 2. 不符合机械传动的有关要求,每处扣 10 分	50
职业素养	1. 着装 2. 操作规范 3. 工具码放整齐 4. 现场 6S 管理 5. 团队合作	职业素养由指导教师酌情扣分,每项配分 5 分,扣完为止	10
		合计得分	
		小组签名	

笔记

任务小结

三相异步电动机广泛用于生产中。三相异步电动机的种类很多,但它们的基本结构类似,都是由定子和转子构成的,在定子和转子之间留有一定的气隙。此外,还有端盖、轴承、接线盒、吊环等其他附件,拆装的主要难点在于如何拆装轴承等关键部件。本次任务从三相异步电动机结构和工作原理分析,到实践拆装都进行了详细的讲解。对于定子绕组的绕制和嵌放,可以作为课外拓展自行开展。

任务二 三相异步电动机的安装与调试

任务描述

某单位设计一台抽水泵,需要功率为 1kW,试选择一台合适的三相异步电动机并安装使用，达到要求。

任务分析

根据任务在所给定功率要求的前提下，进一步了解使用环境，主要从三相异步电动机的结构、容量、工作电压、转速要求考虑选择，结合所实际情况进行安装调试。

任务实施

1. 三相异步电动机的选择

① 结构选择：由于水泵对电动机要求不高，启动转矩不大，选择普通笼型异步电动机。

② 电动机容量选择：由于水泵功率为 1kW，其效率大概为 0.6，电机功率＝1/0.6＝1.7kW。

③ 电压的选择：小容量的 Y 系列笼型电动机电压只有 380V 一个等级，就选它。

④ 转速的选择：水泵电动机属于中速，且不需调速，直接选额定转速为 2800r/min 的电动机。

综上所述，选择电机型号为 90L-2 卧式三相异步电机，功率 2.2kW，转速 2800r/min。

2. 三相异步电动机的使用

（1）三相异步电动机的安装

如图 1-18 所示，三相异步电动机的安装包括电动机基础的制作和电动机的安装。电动机基础的制作，主要选好安装地点，确定好基础形式。安装地点尽可能在干燥、防雨、通风散热条件好，便于操作、维护、检修的地方。电动机的基础分为永久性、流动性和临时性三种形式，根据实际需要来选择。无论哪种形式，电动机一定要固定牢，不能松动。

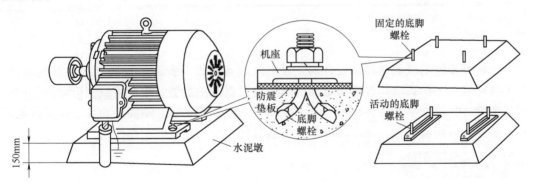

图 1-18 电动机的固定

（2）三相异步电动机电气部分的接线

三相异步电动机的定子绕组有三相对称绕组组成，首端常用 U_1、V_1、W_1 表示，尾端常用 U_2、V_2、W_2 表示。在接线盒中，常将电动机的 3 个首端接到接线盒下排三个接线柱上，3 个尾端接在上排 3 个接线柱上。上下两接线柱不是接同一相绕组的两端，同一相绕组的两端已错开接线。实际中电动机的接线分为三角形接法和星形接法，见图 1-19，若电动机的接线柱烧毁，三个绕组的 6 个端已搞乱，则需对绕组的首尾端进行判断。

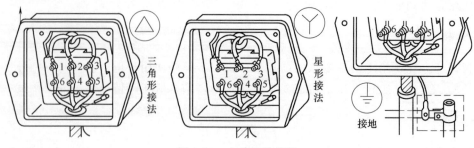

图 1-19 电动机的接线

3. 现场考核

三相异步电机选择和使用评判标准见表 1-10。

表 1-10 三相异步电机选择和使用评判标准

项目内容	评分点	扣分标准	配分
三相异步电机选择	1. 结构选择 2. 功率选择 3. 电压选择 4. 转速选择	1. 结构不合理,扣 15 分; 2. 功率选择不合理,扣 15 分; 3. 电压选择不合理,扣 15 分; 4. 转速选择不合理,扣 15 分	50
三相异步电机安装使用	1. 安装 2. 使用接线	1. 安装不牢扣 15 分; 2. 使用接线不合理扣 10~20 分	30
职业素养	1. 着装 2. 操作规范 3. 工具码放整齐 4. 现场 6S 管理 5. 团队合作	职业素养由指导教师酌情扣分,每项配分 5 分,扣完为止	20
		合计得分	
		小组签名	

任务小结

三相异步电动机的选择是否合理,对电气设备是否能安全运行和具有良好的经济、技术指标有很大的影响。在选择电动机时,应根据电源类型、生产机械对拖动性能的需要,合理选择其功率、种类和型号等。电动机一定要固定牢,不能松动。三相异步电动机要按照铭牌所载电压、频率、功率、转速等规格与实际负载配套使用。

项目总结

本项目主要讲解三相异步电动机结构、磁场形成原理和电机转动原理、电机拆装工艺及安装使用方法,并安排了三相异步电动机的拆装和电机选择使用实践操作训练,目的是熟练掌握三相异步电动机结构和使用的相关知识。

项目自检

现有一小型双速三相笼型异步电动机,对其进行拆分与重装。具体任务如下:按照正确步骤对双速三相异步电动机进行拆装、检查。

项目二

三相异步电动机启停控制

项目引入

在商场的自动扶梯,机场的自动人行道,码头上自动装卸货传送带,工厂生产流水线,农业机械中(联合收割机、插秧机)等诸多场景都有传送带输送机的应用。当设备初次安装或应用过程中出现小故障,需要调整传送带位置,这时就需要传送带电动机点动运行,在局部小范围移动;而正常工作时需要传送带连续自动运行,不工作时手动停止传送带输送机,传送带输送机电气原理图如图 2-1 所示。

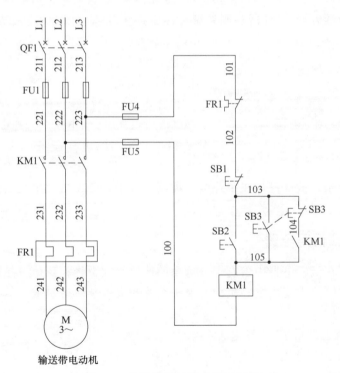

图 2-1 传送带输送机电气原理图

项目目标

知识目标

1. 掌握三相异步电动机点动、长动、降压及多地控制的原理与特点;
2. 熟悉三相异步电动机点动、长动、降压及多地控制的典型控制线路及应用场合;
3. 了解电动机启停控制的电气系统安装和调试的基本步骤及注意事项。

能力目标

1. 正确识读三相异步电动机启停电气控制线路的原理图、布置图和安装接线图；
2. 能够按照三相异步电动机启停控制电气原理图检查所需电路元器件的数量、型号等；
3. 能够按照工艺要求在实训工作台上进行电气元器件的安装、接线并调试；
4. 培养多种三相异步电动机启停电气控制技术的分析与应用能力，三相异步电动机启停控制系统设备维护与管理能力。

素质目标

1. 形成安全意识、规矩意识，形成"6S"素养；
2. 强化团队协作意识，具有成就感和集体荣誉感；
3. 培养自主分析问题解决问题的能力和创新思维。

知识链接

电力拖动是用电动机来带动生产机械运动的方式，凡是对电能的生产、输送、分配和使用起控制、调节、检测、转换及保护作用的电工器械均可称为电器。生产上广泛采用的控制系统为继电器-接触器控制系统，即用按钮开关、接触器、继电器等触点电器组成。其优点是结构简单、价格低、维修方便；缺点是体积大、工作寿命低。电器的用途广泛，功能多样，构造各异，种类繁多。

低压电器是指在额定电压交流不高于1200V、直流不高于1500V的电路中起通断、控制、保护、检测和调节作用的电气设备。常用低压电器分类如图2-2所示。低压电器主要是用于电能的生产、输送、分配和控制，被广泛用于工业电气控制系统中，是实现继电逻辑控制的主要核心元件。

电磁式低压电器

图2-2 常用低压电器分类

笔记

一、电磁式低压电器

电磁式电器在低压电器中占有十分重要的地位，在数控机床电气控制系统中应用最为普遍。电磁式电器主要由电磁机构、触头系统和灭弧装置等组成。

（1）电磁机构

电磁机构的主要作用是将电能量转换成机械能量，将电磁机构中吸引线圈的电流转换成电磁力，带动触头动作，完成通断电路的控制作用。

电磁机构（图2-3）由吸引线圈、铁芯（静铁芯）和衔铁（动铁芯）组成，其作用原理：当线圈中有工作电流通过时，产生磁场，经铁芯、衔铁和气隙形成回路而产生电磁力，电磁力克服弹簧的反作用力，使得衔铁与铁芯闭合，由连接机构带动相应的触头动作。

（2）触头系统

触头的作用是接通或分断电路，因此要求触头要具

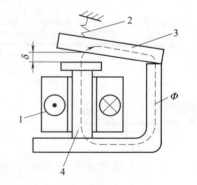

图2-3 电磁机构原理图
1—线圈；2—弹簧；3—衔铁；4—铁芯

有良好的接触性能，电流容量较小的电器常采用银质材料作触头，这是因为银的氧化膜电阻率与纯银相似，可以避免触头表面氧化膜电阻率增加而造成接触不良。触头系统的电接触方式为可分合接触，即利用触头的分合，达到断开和接通电路的目的，其主要结构形式有桥式触头和指形触头，主要接触方式有点接触、面接触、线接触，结构原理图如图 2-4 所示。

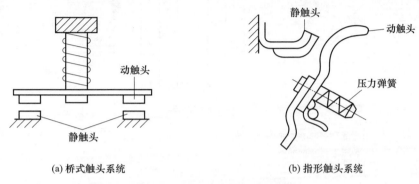

(a) 桥式触头系统　　　　　　(b) 指形触头系统

图 2-4　触头系统结构原理图

（3）灭弧装置

电器的动静触点在断开电路的瞬间，由于气体中少量正、负离子在电场强度作用下加速运动，与中性气体分子碰撞，使其发生游离。

同时，触点金属内部的自由电子从阴极表面逸出奔向阳极，也撞击中性气体分子，也使其激励和游离，这些离子在电场中定向运动时伴随着强烈的热过程，致使在电流通道内形成等离子体，并伴有强烈的声、光和热效应的弧光现象，即为电弧。低压控制电器常用的具体灭弧方法如下。

磁吹灭弧［图 2-5（a）］：磁吹灭弧装置由磁吹线圈、磁吹铁芯、导磁夹板和导弧角等组成。磁吹线圈串联在触头回路中，通过线圈的电流就是电弧电流，线圈电流产生磁通，经铁芯、导磁夹极、两触头间形成回路。在两触头间产生较强的磁通，电弧在磁场中受力而运动，很快离开触头而导致在灭弧角上拉长冷却，迫使电弧熄灭。

窄缝灭弧［图 2-5（b）］：在电弧所形成的磁场电动力的作用下，可使电弧拉长并进入灭弧罩的窄（纵）缝中，几条纵缝可将电弧分割成数段并且与固体介质相接触，电弧便迅速熄灭。

栅片灭弧［图 2-5（c）］：当触头分开时，产生的电弧在电动力的作用下被推入一组金属栅片中而被分割成数段，彼此绝缘的金属栅片的每一片都相当于一个电极，因此就有许多个阴阳极压降。对交流电弧来说，近阴极处，在电弧过零时就会出现一个 150～250V 的介质强度，使电弧无法继续维持而熄灭。由于栅片灭弧效应时要比直流时强得多，所以交流电器常常采用栅片灭弧。

二、接触器

接触器是一种低压自动切换并具有控制与保护作用的电磁式电器。它可以用来频繁地接通或分断带有负载的主电路（如电动机），并可实现远距离控制，主要用来控制电动机，也可控制电容器、电阻炉和照明器具等电力负载。

当线圈通电时，静铁芯产生电磁吸力，将动铁芯吸合，由于触头系统是与动铁芯联动的，因此动铁芯带动三条动触片同时运行，触点闭合，从而接通电源。当线圈断电

交流接触器

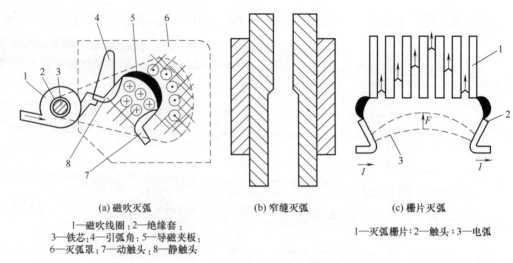

(a) 磁吹灭弧
1—磁吹线圈；2—绝缘套；
3—铁芯；4—引弧角；5—导磁夹板；
6—灭弧罩；7—动触头；8—静触头

(b) 窄缝灭弧

(c) 栅片灭弧
1—灭弧栅片；2—触头；3—电弧

图 2-5 灭弧装置结构示意图

时，吸力消失，动铁芯联动部分依靠弹簧的反作用力而分离，使主触头断开，切断电源。其结构原理图如图 2-6 所示。

交流接触器主要由四部分组成：

① 电磁系统，包括吸引线圈、动铁芯和静铁芯；

笔记

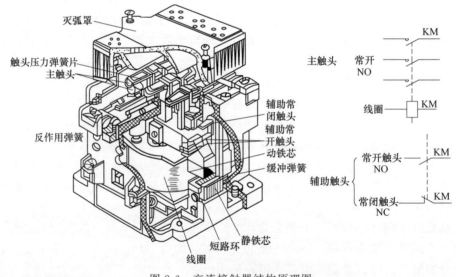

图 2-6 交流接触器结构原理图

② 触头系统，包括三组主触头和一至两组常开、常闭辅助触头，它和动铁芯是连在一起互相联动的；

③ 灭弧装置，一般容量较大的交流接触器都设有灭弧装置，以便迅速切断电弧，免于烧坏主触头；

④ 绝缘外壳及附件，各种弹簧、传动机构、短路环、接线柱等。

1. 接触器的主要技术参数

接触器铭牌上标注的额定电压是指主触点的额定电压。常用的额定电压等级如表 2-1 所示。

表 2-1 常用接触器额定电压等级

	直流接触器	交流接触器
额定电压/V	110,220,440,660	127,220,380,500,660
额定电流/A	5,10,20,40,60,100,150,250,400,600	5,10,20,40,60,100,150,250,400,600

2. 接触器的接通和分断能力

指主触点在规定条件下能可靠地接通和分断的电流值。在此电流值下，接触器接通时主触点不应发生熔焊；接触器分断时主触点不应发生长时间的燃弧。

接触器的使用类别代号通常标注在产品的铭牌或工作手册中。表中要求接触器主触点达到的接通和分断能力为：

① AC1 和 DC1 类允许接通和分断额定电流；
② AC2、DC3 和 DC5 类允许接通和分断 4 倍额定电流；
③ AC3 类允许接通 6 倍额定电流和分断额定电流；
④ AC4 类允许接通和分断 6 倍额定电流。

3. 接触器的型号含义及符号（图 2-7~图 2-10）

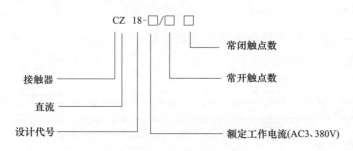

图 2-7 直流接触器型号的含义

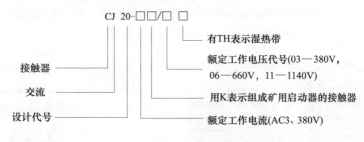

图 2-8 交流接触器型号的含义

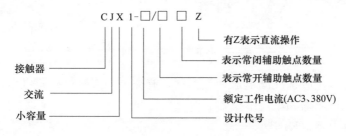

图 2-9 交流接触器小容量型号的含义

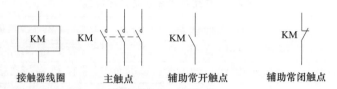

图 2-10　接触器图形符号及文字符号

4. 接触器使用中的注意事项

交流励磁的交流接触器在使用中应注意以下几个方面：

① 励磁线圈电压应为 $(85\% \sim 105\%)U_N$。
② 铁芯衔铁上短路环应完好。
③ 衔铁、触点支持件等活动部件动作应灵活。
④ 铁芯、衔铁端面接触良好、无异物。
⑤ 触点表面接触良好，有一定的超程和接触压力。
⑥ 操作频率应在允许范围内。

三、继电器

继电器

继电器是一种根据输入信号的变化接通或断开控制电路，实现控制目的的电器。继电器的输入信号可以是电流、电压等电量，也可以是温度、速度、压力等非电量，输出为相应的触点动作。

继电器的种类很多，按输入信号的性质分为电压继电器、电流继电器、时间继电器、温度继电器、速度继电器、中间继电器、压力继电器等。

1. 电磁式继电器

电磁式继电器是应用最多的一种继电器，其结构和工作原理与电磁式接触器相似，也是由电磁机构、触点系统和释放弹簧等部分组成。

笔记

由于继电器是用于切换小电流的控制电路和保护电路，触点的容量较小，所以不需要灭弧装置。如图 2-11、图 2-12 所示为电磁式继电器的外形图。

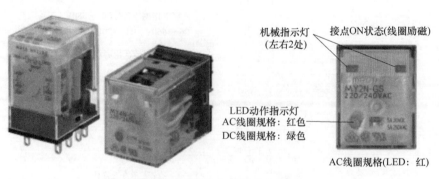

图 2-11　电磁式继电器外形图

电磁式继电器按吸引线圈电流种类不同，有交流和直流电磁式继电器两种。按反应参数可分为电压继电器和电流继电器。

（1）电流继电器（KI）

根据输入（线圈）电流大小而动作的继电器称为电流继电器。它的线圈串联在被测

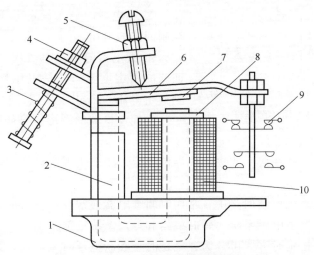

图 2-12 电磁式继电器内部结构示意图

1—底座；2—铁芯；3—释放弹簧；4—调节螺母；5—调节螺母；6—衔铁；
7—非磁性垫片；8—极靴；9—触头系统；10—线圈

量的电路中，以反应电路电流的变化。电流继电器的图形符号如图 2-13 所示。

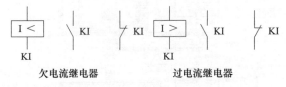

图 2-13 电流继电器的图形符号

（2）电压继电器（KV）

根据输入电压大小而动作的继电器称为电压继电器。它的结构与电流继电器相似，不同的是电压继电器线圈并联在被测量的电路的两端，以反应电路电压的变化，可作为电路的过电压或欠电压保护。电压继电器的图形符号如图 2-14 所示。

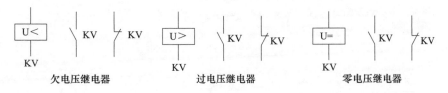

图 2-14 电压继电器的图形符号

（3）中间继电器（KA）

中间继电器实质上是电压继电器的一种，但它触点多（多至六对或更多），触点电流容量大（额定电流 5~10A），动作灵敏（动作时间不大于 0.05s）。

中间继电器的作用是将一个输入信号变成多个输出信号或将信号放大的继电器。它主要依据被控制电路的电压等级，触点的数量、种类及容量来选用。

① 线圈电流的种类和电压等级应与控制电路一致。如数控机床的控制电路采用直流 24V 供电，则继电器应选择线圈额定电压为 24V 的直流继电器。

② 按控制电路的要求选择触点的类型（是常开还是常闭）和数量。

③ 继电器的触点额定电压应大于或等于被控制回路的电压。

④ 继电器的触点电流应大于或等于被控制回路的额定电流，若是电感性负载，则应降低到额定电流 50% 以下使用。

中间继电器的图形符号如图 2-15 所示。

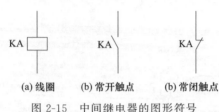

图 2-15 中间继电器的图形符号

2. 时间继电器（KT）

时间继电器是一种在接受或去除外界信号后，用来实现触点延时接通或断开的控制电器。

在三相异步电动机控制回路中，常用时间继电器通常为空气阻尼式时间继电器。空气阻尼式时间继电器由电磁系统、延时机构和触点系统三部分组成。它是利用空气阻尼原理获得延时的，按延时方式可分为通电延时型和断电延时型两种，其结构示意图与动作原理如图 2-16～图 2-19 所示。

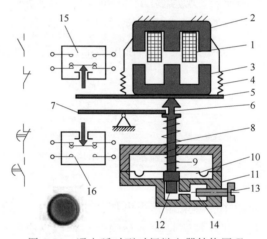

图 2-16 通电延时型时间继电器结构原理

1—线圈；2—衔铁；3—静铁芯；4—反力弹簧；5—推板；6—活塞杆；7—杠杆；8—塔型弹簧；9—弱弹簧；10—橡胶膜；11—空气室壁；12—活塞；13—调节螺钉；14—进气孔；15，16—微动开关

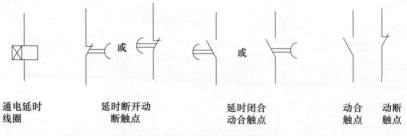

| 通电延时 | 延时断开动 | 延时闭合 | 动合 | 动断 |
| 线圈 | 断触点 | 动合触点 | 触点 | 触点 |

图 2-17 通电延时型时间继电器图形符号及文本符号

每一种时间继电器都有其各自的特点，应根据电路工作性能要求进行合理选用，以充分发挥它们的优点。因此，在选用时应从以下几个方面进行考虑：

① 确定延时方式，以便方便于组成控制电路。

② 根据延时精度要求选用适当的时间继电器。

③ 考虑电源参数变化及工作环境温度变化对延时精度的影响。

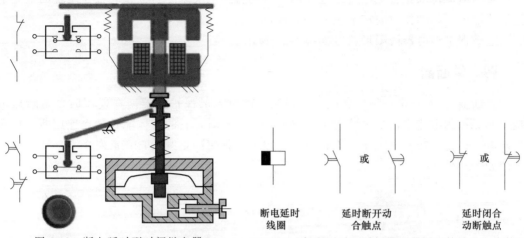

图 2-18　断电延时型时间继电器　　图 2-19　断电延时型时间继电器图形符号及文本符号

④ 操作频率高是否影响其延时动作的失调。
⑤ 时间继电器动作后，其复位时间的长短。
⑥ 时间继电器的延时范围。
⑦ 电路励磁电流的性能。

3. 过载保护继电器（FR）

过载保护继电器是由流入热元件的电流产生热量，使有不同膨胀系数的双金属片发生形变，当形变达到一定距离时，就推动连杆动作，使控制电路断开，从而使接触器失电，主电路断开，实现电动机的过载保护，又称为热继电器。过载保护继电器作为电动机的过载保护元件，以其体积小、结构简单、成本低等优点在生产中得到了广泛应用。

过载保护继电器由发热元件、双金属片、触点及一套传动和调整机构组成，如图 2-20 所示。鉴于双金属片受热弯曲过程中，热量的传递需要较长的时间，因此，热继电器不能用作短路保护，而只能用作过载保护。

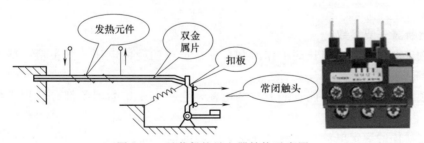

图 2-20　过载保护继电器结构示意图

主要技术参数

额定电压：热继电器能够正常工作的最高的电压值，一般为交流 220V，380V。

额定电流：热继电器的额定电流主要是指通过热继电器的电流。

额定频率：一般而言，其额定频率按照 45～62Hz 设计。

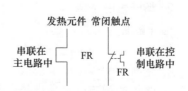

图 2-21　过载保护继电器的图形符号

整定电流范围：整定电流的范围由本身的特性来决定。它描述的是在一定的电流条件下热继电器的动作时间和电流的平方成正比。

过载保护继电器的图形符号如图 2-21 所示。

熔断器

四、熔断器

熔断器（FU）是一种广泛应用的最简单的有效的保护电器。在使用时，熔断器串接在所保护的电路中，当电路发生短路或严重过载时，它的熔体能自动迅速熔断，从而切断电路，使导线和电气设备不致损坏。以市场常用的正泰 RT28 系列介绍，其结构原理图如图 2-22 所示。

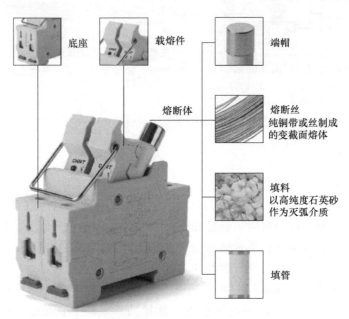

图 2-22　RT28 系列熔断器结构实物图

1. 熔断器主要参数

① 额定电压：熔断器长期工作时和分断后能够耐受的电压，其量值一般等于或大于电气设备的额定电压。

② 额定电流：熔断器能长期通过的电流，它决定于熔断器各部分长期工作时的容许温升。

③ 熔断体的额定电流：熔断体在不熔断的前提下能够长期通过的最大电流。

④ 极限分断能力：熔断器在故障条件下能可靠分断最大短路电流，它是熔断器的主要技术指标之一。

2. 熔断器的选择

选择熔断器主要是选择熔断器的类型、额定电压、额定电流及熔体的额定电流。

① 熔断器的额定电压应大于或等于线路的工作电压。

② 熔断器的额定电流应大于或等于熔体的额定电流。

③ 熔体的额定电流的选择：根据负载的容量和负载的性质来确定的。

a. 用于保护照明或电热设备的熔断器，因为负载电流比较稳定，所以熔体的额定电流应等于或稍大于负载的额定电流。

b. 用于保护单台长期工作电动机（即供电支线）的熔断器，考虑电动机启动时不应熔断。

c. 用于保护频繁启动电动机（即供电支线）的熔断器，考虑频繁启动时发热，熔断器也不应熔断。

d. 用于保护多台电动机（即供电干线）的熔断器，在出现尖峰电流时也不应熔断。

e. 为防止发生越级熔断，上、下级（即供电干、支线）熔断器间应有良好的协调配合。

五、常用主令电器

1. 刀开关

刀开关一般用于电气设备中不频繁接通或断开的电路、换接电源和负载等。隔离电源的刀开关亦称作隔离开关，常用的刀开关有开启式负荷开关（如图2-23所示）和封闭式负荷开关（如图2-24所示）。

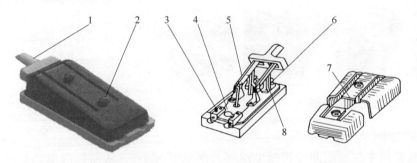

主令电器

图2-23 开启式负荷开关

1—瓷手柄；2—胶盖紧固螺钉；3—出线座；4—熔丝；5—动触刀；6—进线座；7—胶盖；8—静触头

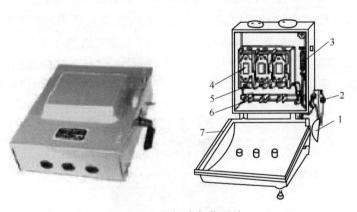

图2-24 封闭式负荷开关

1—操作手柄；2—转轴；3—速断弹簧；4—磁插式熔断器；5—静夹座；6—动触刀；7—开关盖

开启式负荷开关适用于交流50Hz，额定电压单相220V、三相380V，额定电流至100A的电路中，作为不频繁地接通和分断有负载电路与小容量线路的短路保护之用。

封闭式负荷开关在结构上有别于开启式负荷开关，主要特点体现为：

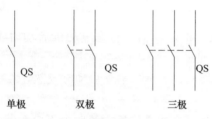

图 2-25 刀开关的图形文字符号

① 装有储能作用的速断弹簧，提高了开关的动作速度和灭弧性能；

② 设有箱盖和操作手柄的联锁装置，保证在开关合闸时不能打开箱盖，在箱盖打开时也不能合闸；

③ 装有灭弧装置。

无论是开启式负荷开关，还是封闭式负荷开关，其图形文字符号都是相同的，其图形文字符号如图 2-25 所示。

选择刀开关时，遵循刀开关的额定电压应等于或大于电路额定电压的原则即可。

2. 组合开关

组合开关又称为转换开关，主要应用是用于电气设备的电源开关、测量三相电压和控制 7.5kW 以下小容量电动机的直接启动、正反转等不频繁操作的场合。其实物图如图 2-26 所示，图形符号如图 2-27 所示。

图 2-26 组合开关实物示意图

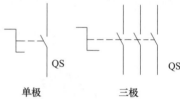

图 2-27 组合开关的图形符号

3. 控制按钮

按钮通常用来接通或断开控制电路（其中电流很小），从而控制电动机或其它电气设备的运行，原来就接通的触点，称为常闭触点；原来就断开的触点，称为常开触点。

按钮开关的结构种类很多，可分为蘑菇头式、自锁式、自复位式、旋柄式、带指示灯式及钥匙式等，形式有单钮、双钮、三钮及其组合等，常采用积木式结构，由按钮帽、复位弹簧、桥式触头和外壳等组成，有一对常开和一对常闭触头，其结构实物图如图 2-28 所示，结构示意图和图形符号如图 2-29 所示。也有不复位按钮，按下后即可自动保持闭合位置，断电后才能打开。

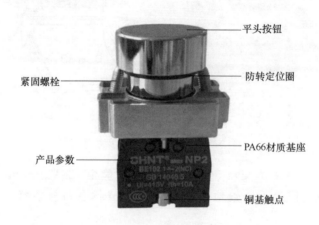

图 2-28 按钮开关结构实物图

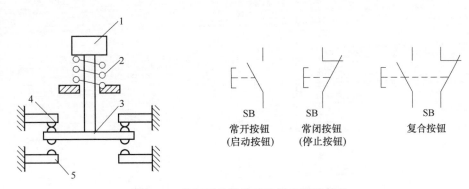

图 2-29 按钮开关结构示意图和图形符号
1—按钮帽；2—复位弹簧；3—动触头；4,5—静触点

4. 指示灯

指示灯用来发出指示及确认信息，用不同颜色的指示灯来表示不同的信息。指示的作用是引起操作者注意或指示操作者应该完成某种任务。红、黄、绿和蓝色通常用于这种方式；确认则是用于确认一种指令、一种状态或情况，或者用于确认一种变化或转换阶段的结束。蓝色和白色通常用于这种方式，某些情况下也可用绿色。指示灯实物如图 2-30 所示。

图 2-30 指示灯实物图

三相异步电动机点动控制

项目实施

任务一　三相异步电动机点动控制

任务描述

工厂的各种机床和生产机械的电力拖动控制系统，主要由三相异步电动机来拖动生产机械运行的，而三相异步电动机则由继电器、接触器、按钮等电器组成的电气控制电路实现其启动、正转、反转、制动等控制。由于控制要求不一样，有些应用场合只需要三相异步电动机点动，即按下开关按钮电动机启动，松开电动机停止，典型控制电气原理图如图 2-31 所示。

任务分析

三相异步电动机点动控制是指电动机在操作过程中，按钮按下，电动机通电旋转，

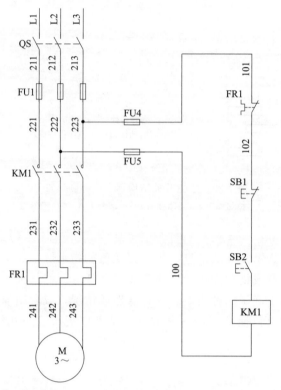

图 2-31 三相异步电动机点动控制电气原理图

松开按钮，电动机断电停止旋转。

（1）主电路工作原理分析

三相异步电动机点动控制主电路如图 2-31 所示，SB2、KM1 控制电动机旋转。

① 合上 QS：主电路电源供电；

② KM1 主触头闭合，电动机旋转；

③ 断开 QS，电动机电源供电断开；

④ 主电路的保护：当主电路出现短路时，FU 熔断，主电路断开供电电源，电动机停转；当主电路出现负载超载一段时间时，控制电路 FR1 自动分断，控制电路断开，从而保证主电路 KM1 主触点断开，主电路断开，电动机断电停转。

（2）控制电路原理分析

① 按下 SB2，KM1 线圈得电；

② 松开 SB2，KM1 线圈断电；

③ 按下 SB1，KM1 线圈断电；

④ 当电动机过载时，FR1 断开，KM1 线圈断电；

⑤ 当线路中出现短路情况时，FU4 和 FU5 断开，KM1 线圈断电。

（3）电气线路工作过程

合上 QS；

电动机旋转控制：

SB2↓ ── → KM1线圈得电 ── → KM1主触点闭合 ── → 电动机旋转

电动机停止控制：

$$SB2\uparrow \longrightarrow KM1线圈失电 \longrightarrow KM1主触点断开 \longrightarrow 电动机停止$$

任务实施

（1）实施要求

列出任务计划书，按照电气线路布局、布线的基本原则，在给定的电气线路板上，固定好相应电气元件，完成三相异步电动机点动控制线路的安装、调试、自检，并带电动机通电试车。

（2）设备器材

电工工具1套（取子、剥线钳），实物接线板1块，配电板1块，导线若干，试电笔1支，万用表1块。元件明细表见表2-2。

表 2-2 元件明细表

序号	名称	型号与规格	数量/个	备注
1	熔断器	RL1-10 10A,配10A熔体	5	
2	交流接触器	CJ20-10 220V	1	
3	热继电器	JR36-20/3(0.4～0.63A)	1	
4	按钮	LA4-2H 500V 5A	2	
5	接线端子排	JD0-1020 10A 20节	2	
6	指示灯	AD16-22DS(AC220V)	2	
7	刀开关	HR5-300/31	1	
8	三相异步电动机	Y-112M4 4kW 三角形接法	1	台

（3）实施内容及操作程序

① 绘制安装接线图。

② 选配并检验元器件和工具设备：

a. 按线路图配齐电气设备和元件，并逐个检验其规格和质量。特别注意检查整流器的耐压值、额定电流值是否符合要求。

b. 根据电动机的容量、线路走向及要求和各元件的安装尺寸，正确选配导线的规格、导线通道类型和数量、接线端子板、控制板、紧固件等。

③ 在控制板上固定电气元件和线槽，并在电气元件附近做好与电路图上相同代号的标记。（安装线槽时，应做到横平竖直、排列整齐均匀、安装牢固和便于走线等。）

④ 在控制板上按接线图进行板前线槽配线（按板前线槽配线的工艺要求进行），导线要有端子标号，导线两端要用冷压端子，接线时注意KM1的端子号，防止接错造成短路。

⑤ 进行控制板外的（外围）元件固定和布线，电源线、电动机线、按钮等接线要通过端子排过渡到控制板，导线要有端子标号，导线两端要用冷压端子。

⑥ 自检

a. 根据电路图检查电路的接线是否正确和接地通道是否具有连续性。

  b. 检查热继电器的整定值和熔断器中熔体的规格是否符合要求。
  c. 检查电动机及线路的绝缘电阻。
  d. 检查电动机的安装是否牢固，与生产机械传动装置的连接是否可靠。
  e. 清理安装现场。

⑦ 通电试车（通电试车必须在教师的监护下进行，并严格遵守安全操作规程）。要先合上电源开关，接通电源，后按启动按钮不松开，认真观察各电气元件、线路、电动机的工作是否正常；发现异常，松开启动按钮，待调查或修复后方可再次通电试车。

⑧ 故障检修训练。在通电试车成功的电路上人为地设置故障，（断）通电运行，在表 2-3 中记录故障现象并分析原因、排除故障。

表 2-3　故障检查及排除

故障设置	故障现象	检查方法及排除
SB2 触点接触不良		
接触器 KM1 线圈断路		
KM1 主触点不闭合		
热继电器常闭触点断开		

（4）考核评分（表 2-4）

表 2-4　考核评分表

项目内容	评分标准	配分	扣分	得分
装前检查	1. 电动机质量检查，每漏一处扣 3 分 2. 电气元件漏检或错检，每处扣 2 分	15		
安装元件	1. 不按布置图安装，扣 10 分 2. 元件安装不牢固，每只扣 2 分 3. 安装元件时漏装螺钉，每只扣 0.5 分 4. 元件安装不整齐、不匀称、不合理，每只扣 3 分 5. 损坏元件，扣 10 分	15		
布线	1. 不按电路图接线，扣 15 分 2. 布线不符合要求：主电路，每根扣 2 分；控制电路，每根扣 1 分 3. 接点松动、接点露铜过长、压绝缘层、反圈等，每处扣 0.5 分 4. 损伤导线绝缘或线芯，每根扣 0.5 分 5. 漏记线号不清楚、遗漏或误标，每处扣 0.5 分 6. 标记线号不清楚、遗漏或误标，每处扣 0.5 分	30		
通电试车	1. 第一次试车不成功，扣 10 分 2. 第二次试车不成功，扣 20 分 3. 第三次试车不成功，扣 30 分	40		
安全文明生产	违反安全、文明生产规程，扣 5～40 分			
定额时间 90min	按每超时 5min 扣 5 分计算			
备注	除定额时间外，各项目的最高扣分不应超过配分数			
开始时间		结束时间		实际时间

笔记

任务小结

本任务讲述了三相异步电动机点动控制的定义、控制线路原理图和工作过程，点动控制适合于短时间的启动操作在生产设备调整工作状态时应用，如机具、设备的对位、对刀、定位；机器设备的调试；要求物体微弱移动的设备。

任务二 三相异步电动机长动控制

三相异步电动机长动控制

任务描述

在实际生产中，绝大部分应用场合都需要电动机连续工作，这就需要电动机能在启动运行后自动保持长时间运转，需要停止工作时按下停止按钮才能停止，所以这需要对电动机实现长动控制。三相异步电动机长动（连续）控制电路是一种最常用、最简单的控制线路，能实现对电动机的启动、停止的自动控制、远距离控制、频繁操作等，其典型控制电气原理如图 2-32 所示。

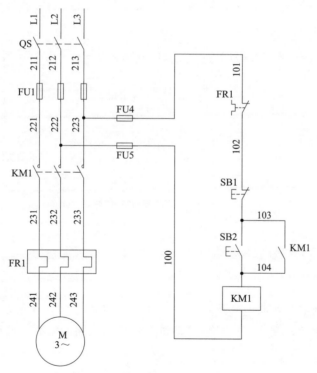

图 2-32 三相异步电动机长动控制电气原理图

任务分析

三相异步电动机长动控制主电路由低压刀开关 QS、熔断器 FU1、接触器 KM1 的常开主触点，热继电器 FR1 的热元件和电动机 M 组成。

控制电路由启动按钮 SB2、停止按钮 SB1、接触器 KM1 线圈和常开辅助触点、热继电器 FR 的常闭触头构成。

1. 主电路工作原理分析

三相异步电机长动控制主电路如图 2-32 所示：

① 合上 QS，主电路电源供电；

② KM1 主触头闭合，电动机旋转；

③ 断开 QS，电动机电源供电断开；

④ 主电路的保护：当主电路出现短路时，FU 熔断，主电路断开供电电源，电动机停转；当主电路出现负载超载一段时间时，控制电路 FR1 自动分断，控制电路断开，从而保证主电路 KM1 主触点断开，主电路断开，电动机断电停转。

2. 控制电路原理分析

① 按下 SB2，KM1 线圈得电，KM1 辅助常开触点闭合（形成自锁）；

② 松开 SB2，KM1 辅助常开触点保持线圈得电；

③ 按下 SB1，KM1 线圈断电；

④ 当电动机过载时，FR1 断开，KM1 线圈断电；

⑤ 当线路中出现短路情况时，FU4 和 FU5 断开，KM1 线圈断电。

3. 电气线路工作过程

合上 QS；

电动机旋转控制：

电动机停止控制：

任务实施

1. 实施要求

列出任务计划书，按照电气线路布局、布线的基本原则，在给定的电气线路板上，固定好相应电气元件，完成三相异步电动机长动控制线路的安装、调试、自检，并带电动机通电试车。

2. 设备器材

电工工具 1 套（取子、剥线钳），实物接线板 1 块，配电板 1 块，导线若干，试电笔 1 支，万用表 1 块。元件明细表见表 2-5。

表 2-5 元件明细表

序号	名称	型号与规格	数量/个	备注
1	熔断器	RL1-10 10A,配 10A 熔体	5	
2	交流接触器	CJ20-10 220V	1	

续表

序号	名称	型号与规格	数量/个	备注
3	热继电器	JR36-20/3(0.4～0.63A)	1	
4	按钮	LA4-2H 500V 5A	2	
5	接线端子排	JD0-1020 10A 20 节	2	
6	指示灯	AD16-22DS(AC220V)	2	
7	刀开关	HR5-300/31	1	
8	三相异步电动机	Y-112M4 4kW 三角形接法	1	台

3. 实施内容及操作程序

① 绘制安装接线图。

② 选配并检验元器件和工具设备：

a. 按线路图配齐电气设备和元件，并逐个检验其规格和质量。特别注意检查整流器的耐压值、额定电流值是否符合要求。

b. 根据电动机的容量、线路走向及要求和各元件的安装尺寸，正确选配导线的规格、导线通道类型和数量、接线端子板、控制板、紧固件等。

③ 在控制板上固定电气元件和线槽，并在电气元件附近做好与电路图上相同代号的标记。（安装线槽时，应做到横平竖直、排列整齐均匀、安装牢固和便于走线等。）

④ 在控制板上按接线图进行板前线槽配线（按板前线槽配线的工艺要求进行），导线要有端子标号，导线两端要用冷压端子，接线时注意 KM1 的端子号，防止接错造成短路。

⑤ 进行控制板外的（外围）元件固定和布线，电源线、电动机线、按钮等接线要通过端子排过渡到控制板，导线要有端子标号，导线两端要用冷压端子。

⑥ 自检

a. 根据电路图检查电路的接线是否正确和接地通道是否具有连续性。

b. 检查热继电器的整定值和熔断器中熔体的规格是否符合要求。

c. 检查电动机及线路的绝缘电阻。

d. 检查电动机的安装是否牢固，与生产机械传动装置的连接是否可靠。

e. 清理安装现场。

⑦ 通电试车（通电试车必须在教师的监护下进行，并严格遵守安全操作规程）

a. 接通电源，点动控制电动机的启动，以检查电动机的转向是否符合要求。

b. 空载试车。空载试车时，先合上电源开关，后按启动按钮，应认真观察各电气元件、线路、电动机的工作是否正常。发现异常，应立即切断电源进行检查，待调查或修复后方可再次通电试车。

⑧ 故障检修训练。在通电试车成功的电路上人为地设置故障，（断）通电运行，在表 2-6 中记录故障现象并分析原因、排除故障。

表 2-6 故障检查及排除

故障设置	故障现象	检查方法及排除
SB2 触点接触不良		
接触器 KM1 线圈断路		

续表

故障设置	故障现象	检查方法及排除
KM1主触点不闭合		
热继电器常闭触点断开		

4. 考核评分（表2-7）

表2-7 考核评分表

项目内容	评分标准	配分	扣分	得分
装前检查	1. 电动机质量检查，每漏一处扣3分 2. 电气元件漏检或错检，每处扣2分	15		
安装元件	1. 不按布置图安装，扣10分 2. 元件安装不牢固，每只扣2分 3. 安装元件时漏装螺钉，每只扣0.5分 4. 元件安装不整齐、不合理，每只扣3分 5. 损坏元件，扣10分	15		
布线	1. 不按电路图接线，扣15分 2. 布线不符合要求：主电路，每根扣2分；控制电路，每根扣1分 3. 接点松动、接点露铜过长、压绝缘层、反圈等，每处扣0.5分 4. 损伤导线绝缘或线芯，每根扣0.5分 5. 漏记线号不清楚、遗漏或误标，每处扣0.5分 6. 标记线号不清楚、遗漏或误标，每处扣0.5分	30		
通电试车	1. 第一次试车不成功，扣10分 2. 第二次试车不成功，扣20分 3. 第三次试车不成功，扣30分	40		
安全文明生产	违反安全、文明生产规程，扣5～40分			
定额时间90min	按每超时5min扣5分计算			
备注	除定额时间外，各项目的最高扣分不应超过配分数			
开始时间	结束时间		实际时间	

任务小结

本任务讲述了三相异步电动机长动控制的定义、控制线路原理图和工作过程，长动控制是在点动控制的基础上加上自锁环节，实现启动按钮按下后，松开按钮电动机保持运行，只有按下停止按钮才能停止，长动控制也称为"启-保-停"控制。

任务三 三相异步电动机降压启动控制

子任务一 三相异步电动机 Y-△ 降压启动控制

任务描述

电动机启动瞬间，产生的启动电流为额定电流的5～7倍，这样的电流对电动机本身和电网都不利，会造成电源电压瞬间下降以及电动机启动困难、发热，甚至烧毁电动机，所以一般对容量比较大的电动机必须采取限制启动电流的方法。一般电动机在启动时为了减小启动电流，减少对电网冲击，其启动电压比额定电压低，当转速接近额定时再切换到额定电压工作，这个启动过程叫降压启动。一般马达功率超过 11kW 时就采取降压启动，有时在带轻负载时启动也用降压启动，Y-△降压启动控制是降压启动控制中常用的控制方式，其控制电气原理如图 2-33 所示。

降压启动

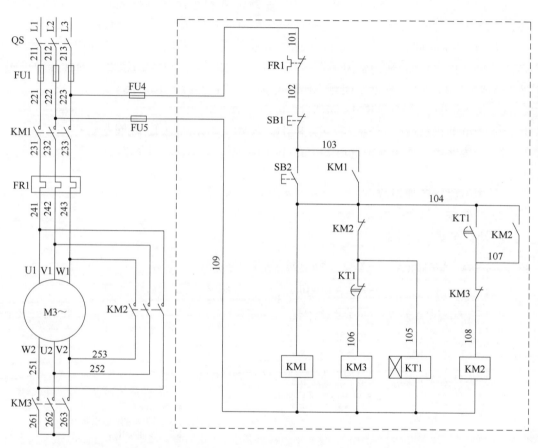

三相异步电动机 Y-△降压启动控制

图 2-33 三相异步电动机 Y-△降压启动控制电气原理图

任务分析

三相异步电动机 Y-△降压启动控制主电路由刀开关 QS、熔断器 FU1、接触器 KM1、KM2、KM3 的常开主触点，热继电器 FR1 的热元件和电动机 M 组成。

控制电路由启动按钮 SB2，停止按钮 SB1，接触器 KM1、KM2、KM3 线圈及其常开和常闭辅助触点，通电延时时间继电器 KT1 线圈及其常开和常闭触点，热继电器 FR1 的常闭触头构成。

1. 主电路工作原理分析

三相异步电动机 Y-△降压启动控制主电路如图 2-33 所示。

① 合上 QS：主电路电源供电；

② KM1、KM3 主触头闭合，电动机星形连接，电动机启动旋转；

③ KM1、KM2 主触头闭合，电动机三角形连接，电动机稳定运转；

④ 断开 QS，电动机电源供电断开；

⑤ 主电路的保护：当主电路出现短路时，FU1 熔断，主电路断开供电电源，电动机停转；当主电路出现负载超载一段时间时，控制电路 FR1 自动分断，控制电路断开，从而保证主电路 KM1、KM2、KM3 主触点全部断开，主电路断开，电动机断电停转。

2. 控制电路原理分析

① 按下 SB2，KM1 线圈得电，KM1 辅助常开触点闭合（形成自锁），同时接通 KM3 和 KT1 线圈，KM3 辅助常闭触点断开互锁 KM2，KT1 开始计时；

② 当 KT1 时间到，KT1 延时导通常闭触点断开，KT1 延时导通常开触点闭合，KM3 线圈断电，KM3 辅助常闭触点闭合，KM2 线圈得电，同时 KM2 辅助常开触点闭合（形成自锁），KM2 辅助常闭触点断开互锁 KM3，KT1 线圈断电；

③ 按下 SB1，KM1、KM2、KM3、KT1 线圈断电；

④ 当电动机过载时，FR1 断开，KM1、KM2、KM3、KT1 线圈断电；

⑤ 当线路中出现短路情况时，FU4 和 FU5 断开，KM1、KM2、KM3、KT1 线圈断电。

3. 电气线路工作过程

合上 QS；

电动机起动运行控制：

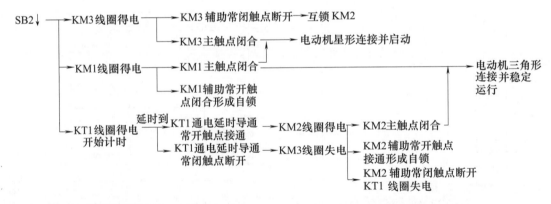

电动机停止控制：

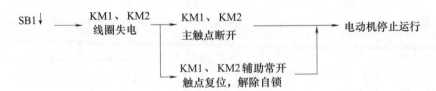

任务实施

1. 实施要求

列出任务计划书，按照电气线路布局、布线的基本原则，在给定的电气线路板上，固定好相应电气元件，完成三相异步电动机 Y-△降压启动控制线路的安装、调试、自检，并带电动机通电试车。

2. 设备器材

电工工具 1 套（取子、剥线钳），实物接线板 1 块，配电板 1 块，导线若干，试电笔 1 支，万用表 1 块。元件明细表见表 2-8。

表 2-8 元件明细表

序号	名称	型号与规格	数量/个	备注
1	熔断器	RL1-10 10A，配 10A 熔体	5	
2	交流接触器	CJ20-10 220V	3	
3	热继电器	JR36-20/3(0.4～0.63A)	1	
4	按钮	LA4-2H　500V 5A	2	
5	接线端子排	JD0-1020 10A 20 节	2	
6	指示灯	AD16-22DS(AC220V)	2	
7	刀开关	HR5-300/31	1	
8	三相异步电动机	Y-112M4 4kW	1	
9	通电延时时间继电器	JSZ3(ST3P)A-A 220V	1	台

3. 实施内容及操作程序

① 绘制安装接线图。

② 选配并检验元器件和工具设备：

a. 按线路图配齐电气设备和元件，并逐个检验其规格和质量。特别注意检查整流器的耐压值、额定电流值是否符合要求。

b. 根据电动机的容量、线路走向及要求和各元件的安装尺寸，正确选配导线的规格、导线通道类型和数量、接线端子板、控制板、紧固件等。

③ 在控制板上固定电气元件和线槽，并在电气元件附近做好与电路图上相同代号的标记。（安装线槽时，应做到横平竖直、排列整齐均匀、安装牢固和便于走线等。）

④ 在控制板上按接线图进行板前线槽配线（按板前线槽配线的工艺要求进行），导线要有端子标号，导线两端要用冷压端子，接线时注意 KM1、KM2、KM3、KT1 的端子号，防止接错造成短路。

⑤ 进行控制板外的（外围）元件固定和布线，电源线、电动机线、按钮等接线要通过端子排过渡到控制板，导线要有端子标号，导线两端要用冷压端子。

⑥ 自检

a. 根据电路图检查电路的接线是否正确和接地通道是否具有连续性。

b. 检查热继电器的整定值和熔断器中熔体的规格是否符合要求。

c. 检查通电延时继电器是否延时正常。

d. 检查电动机及线路的绝缘电阻。

e. 检查电动机的安装是否牢固，与生产机械传动装置的连接是否可靠。

f. 清理安装现场。

⑦ 通电试车（通电试车必须在教师的监护下进行，并严格遵守安全操作规程）

a. 接通电源，按下启动按钮，先同时接通 KM1 和 KM3，再接通 KM1 和 KM2，以检查电动机的启动运转是否符合要求。

b. 空载试车。空载试车时，先合上电源开关，后按启动按钮，应认真观察各电气元件、线路、电动机的工作是否正常。发现异常，应立即切断电源进行检查，待调查或修复后方可再次通电试车。

⑧ 故障检修训练。在通电试车成功的电路上人为地设置故障，（断）通电运行，在表 2-9 中记录故障现象并分析原因、排除故障。

表 2-9 故障检查及排除

故障设置	故障现象	检查方法及排除
SB2 触点接触不良		
SB1 触点断开		
接触器 KM1 线圈断路		
KM1 主触点不闭合		
接触器 KM2 线圈断路		
KM2 主触点不闭合		
接触器 KM3 线圈断路		
KM3 主触点不闭合		
接触器 KT1 线圈断路		
KT1 触点不动作		
热继电器常闭触点断开		

4. 考核评分（表 2-10）

表 2-10 考核评分表

笔记

项目内容	评分标准	配分	扣分	得分
装前检查	1. 电动机质量检查，每漏一处扣 3 分 2. 电气元件漏检或错检，每处扣 2 分	15		
安装元件	1. 不按布置图安装，扣 10 分 2. 元件安装不牢固，每只扣 2 分 3. 安装元件时漏装螺钉，每只扣 0.5 分 4. 元件安装不整齐、不合理，每只扣 3 分 5. 损坏元件，扣 10 分	15		
布线	1. 不按电路图接线，扣 15 分 2. 布线不符合要求：主电路，每根扣 2 分；控制电路，每根扣 1 分 3. 接点松动、接点露铜过长、压绝缘层、反圈等，每处扣 0.5 分 4. 损伤导线绝缘或线芯，每根扣 0.5 分 5. 漏记线号不清楚、遗漏或误标，每处扣 0.5 分 6. 标记线号不清楚、遗漏或误标，每处扣 0.5 分	30		
通电试车	1. 第一次试车不成功，扣 10 分 2. 第二次试车不成功，扣 20 分 3. 第三次试车不成功，扣 30 分	40		
安全文明生产	违反安全、文明生产规程，扣 5~40 分			
定额时间 90min	按每超时 5min 扣 5 分计算			
备注	除定额时间外，各项目的最高扣分不应超过配分数			
开始时间	结束时间	实际时间		

子任务二　三相异步电动机串电阻降压启动控制

任务描述

在三相异步电动机降压启动控制方式中，Y-△降压启动只适合于正常运行时电动机额定电压等于电源线电压，定子绕组为三角形连接方式的三相交流异步电动机，而对于定子绕组呈星形接法的三相异步电动机不能采用，则需要用到定子串电阻降压启动，其典型控制电气原理如图 2-34 所示。

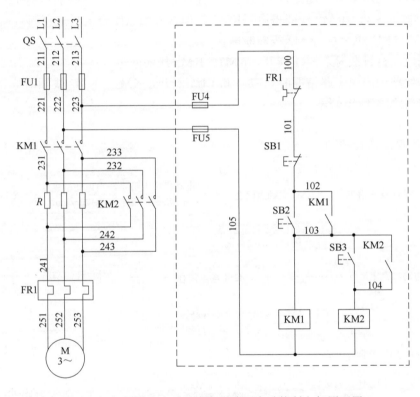

图 2-34　三相异步电动机串电阻降压启动控制电气原理图

任务分析

三相异步电动机串电阻降压启动控制主电路由刀开关 QS、熔断器 FU1、接触器 KM1、KM2 的常开主触点，热继电器 FR1 的热元件，串联在电路中的电阻 R 和电动机 M 组成。

控制电路由启动按钮 SB2、SB3，停止按钮 SB1，接触器 KM1、KM2 线圈及其辅助常开触点，热继电器 FR1 的常闭触头构成。

1. 主电路工作原理分析

三相异步电动机串电阻降压启动控制主电路如图 2-34 所示。

① 合上 QS：主电路电源供电；

② KM1 主触头闭合，KM2 主触头断开，电动机启动电路中串电阻连接，电动机

降压启动旋转；

③ KM1、KM2 主触头闭合，电动机电源线路中不再串联电阻，电动机稳定运转；

④ 断开 QS，电动机电源供电断开；

⑤ 主电路的保护：当主电路出现短路时，FU1 熔断，主电路断开供电电源，电动机停转；当主电路出现负载超载一段时间时，控制电路 FR1 自动分断，控制电路断开，从而保证主电路 KM1、KM2 主触点全部断开，主电路断开，电动机断电停转。

2. 控制电路原理分析

① 按下 SB2，KM1 线圈得电，KM1 辅助常开触点闭合（形成自锁）；

② 当电动机串电阻启动运行一段时间，速度达到一定转速（一般达到 120r/min 以上即可），按下 SB3，KM2 线圈得电，KM2 辅助常开触点闭合（形成自锁）；

③ 按下 SB1，KM1、KM2 线圈断电；

④ 当电动机过载时，FR1 断开，KM1、KM2 线圈断电；

⑤ 当线路中出现短路情况时，FU4 和 FU5 断开，KM1、KM2 线圈断电。

3. 电气线路工作过程

合上 QS；

电动机启动运行控制：

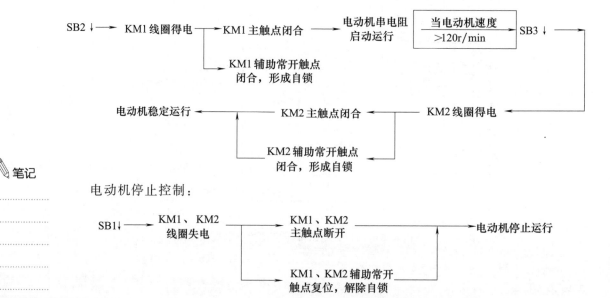

电动机停止控制：

任务实施

1. 实施要求

列出任务计划书，按照电气线路布局、布线的基本原则，在给定的电气线路板上，固定好相应电气元件，完成三相异步电动机串电阻降压启动控制线路的安装、调试、自检，并带电动机通电试车。

2. 设备器材

电工工具 1 套（取子、剥线钳），实物接线板 1 块，配电板 1 块，导线若干，试电笔 1 支，万用表 1 块。元件明细表见表 2-11。

表 2-11　元件明细表

序号	名称	型号与规格	数量(个)	备注
1	熔断器	RL1-10 10A,配 10A 熔体	5	
2	交流接触器	CJ20-10 220V	2	
3	热继电器	JR36-20/3(0.4～0.63A)	1	
4	按钮	LA4-2H 500V 5A	3	
5	接线端子排	JD0-1020 10A 20 节	2	
6	指示灯	AD16-22DS(AC220V)	2	
7	刀开关	HR5-300/31	1	
8	三相异步电动机	Y-112M4 4kW	1	
9	三相可调电阻	ZX 0-300,22A,220V	1	

3. 实施内容及操作程序

① 绘制安装接线图。

② 选配并检验元器件和工具设备：

a. 按线路图配齐电气设备和元件，并逐个检验其规格和质量。特别注意检查整流器的耐压值、额定电流值是否符合要求。

b. 根据电动机的容量、线路走向及要求和各元件的安装尺寸，正确选配导线的规格、导线通道类型和数量、接线端子板、控制板、紧固件等。

③ 在控制板上固定电气元件和线槽，并在电气元件附近做好与电路图上相同代号的标记。（安装线槽时，应做到横平竖直、排列整齐均匀、安装牢固和便于走线等。）

④ 在控制板上按接线图进行板前线槽配线（按板前线槽配线的工艺要求进行），导线要有端子标号，导线两端要用冷压端子，接线时注意 KM1、KM2 的端子号，防止接错造成短路。

⑤ 进行控制板外的（外围）元件固定和布线，电源线、电动机线、按钮等接线要通过端子排过渡到控制板，导线要有端子标号，导线两端要用冷压端子。

⑥ 自检

a. 根据电路图检查电路的接线是否正确和接地通道是否具有连续性。

b. 检查热继电器的整定值和熔断器中熔体的规格是否符合要求。

c. 检查电动机及线路的绝缘电阻。

d. 检查电动机的安装是否牢固，与生产机械传动装置的连接是否可靠。

e. 清理安装现场。

⑦ 通电试车（通电试车必须在教师的监护下进行，并严格遵守安全操作规程）

a. 接通电源，点动控制电动机的启动，先接通 KM1，再接通 KM1 和 KM2，以检查电动机的启动运转是否符合要求。

b. 空载试车。空载试车时，先合上电源开关，后按启动按钮 SB2，速度到达 120r/min 后，再按 SB3，应认真观察各电器元件、线路、电动机的工作是否正常。发现异常，应立即切断电源进行检查，待调查或修复后方可再次通电试车。

⑧ 故障检修训练。在通电试车成功的电路上人为地设置故障，（断）通电运行，在表 2-12 中记录故障现象并分析原因、排除故障。

表 2-12　故障检查及排除

故障设置	故障现象	检查方法及排除
SB2 触点接触不良		
SB3 触点接触不良		
SB1 触点断开		
接触器 KM1 线圈断路		
KM1 主触点不闭合		
接触器 KM2 线圈断路		
KM2 主触点不闭合		
热继电器常闭触点断开		

（4）考核评分（表 2-13）

表 2-13　考核评分表

项目内容	评分标准	配分	扣分	得分
装前检查	1. 电动机质量检查，每漏一处扣 3 分 2. 电气元件漏检或错检，每处扣 2 分	15		
安装元件	1. 不按布置图安装，扣 10 分 2. 元件安装不牢固，每只扣 2 分 3. 安装元件时漏装螺钉，每只扣 0.5 分 4. 元件安装不整齐、不合理，每只扣 3 分 5. 损坏元件，扣 10 分	15		
布线	1. 不按电路图接线，扣 15 分 2. 布线不符合要求：主电路，每根扣 2 分；控制电路，每根扣 1 分 3. 接点松动、接点露铜过长、压绝缘层、反圈等，每处扣 0.5 分 4. 损伤导线绝缘或线芯，每根扣 0.5 分 5. 漏记线号不清楚、遗漏或误标，每处扣 0.5 分 6. 标记线号不清楚、遗漏或误标，每处扣 0.5 分	30		
通电试车	1. 第一次试车不成功，扣 10 分 2. 第二次试车不成功，扣 20 分 3. 第三次试车不成功，扣 30 分	40		
安全文明生产	违反安全、文明生产规程，扣 5~40 分			
定额时间 90min	按每超时 5min 扣 5 分计算			
备注	除定额时间外，各项目的最高扣分不应超过配分数			
开始时间		结束时间		实际时间

任务小结

本任务讲述了三相异步电动机降压启动控制的定义、Y-△降压启动和定子串电阻降压启动控制线路原理图及工作过程，降压启动的主要目的是降低电机的启动电流，以减小对电动机本身的冲击和同一电网电路的影响，降压启动有基于时间原则和基于速度原则两种控制方式，是从按下启动按钮开始到电动机速度接近于额定转速的一个过程。

任务四　三相异步电动机多地启停控制

三相异步电动机多地启停控制

任务描述

有些机械和生产设备，由于种种原因，常要在两地或两个以上的地点进行操作。例如：重型龙门刨床，有时在固定的操作台上控制，有时需要站在机床四周用悬挂按钮控制；有些场合，为了便于集中管理，由中央控制台进行控制，但每台设备调整检修时，又需要就地进行机旁控制等。设备的多地控制实质上就是电动机的多地控制，掌握三相异步电动机多地控制原理，是掌握机械设备多地控制的基础，三相异步电动机多地控制典型电气原理如图 2-35 所示。

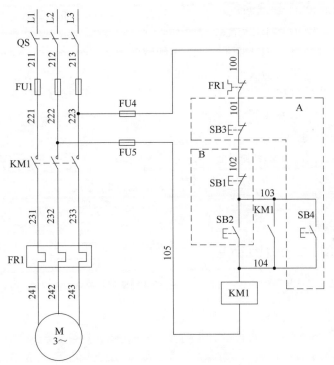

图 2-35　三相异步电动机多地控制电气原理图

任务分析

三相异步电动机多地控制主电路由低压断路器 QS、熔断器 FU1、接触器 KM1 的常开主触点、热继电器 FR1 的热元件和电动机 M 组成。

控制电路由启动按钮 SB2、SB4，停止按钮 SB1、SB3，接触器 KM1 线圈及其辅助常开触点，热继电器 FR1 的常闭触头构成。

图 2-35 电气原理图分别对应着两个不同的控制地点。在第一个控制地点按一下 SB2，KM1 即通电吸合，其动合触点接通，M 启动运转；再按一下 SB1，KM1 释放，M 停止运行。同理，在第二个控制地点按动 SB4，会使 KM1 吸合，M 启动运转；按动 SB3，同样会使 KM1 释放，M 停止转动。这样就实现了电动机的两地控制。

1. 主电路工作原理分析

三相异步电动机多地控制主电路如图 2-35 所示。

① 合上 QS：主电路电源供电；

② KM1 主触头闭合，电动机启动旋转；

③ 断开 QS，电动机电源供电断开；

④ 主电路的保护：当主电路出现短路时，FU 熔断，主电路断开供电电源，电动机停转；当主电路出现负载超载一段时间时，控制电路 FR1 自动分断，控制电路断开，从而保证主电路 KM1 主触点断开，主电路断开，电动机断电停转。

2. 控制电路原理分析

① 按下 SB2，KM1 线圈得电，KM1 辅助常开触点闭合（形成自锁）；

② 按下 SB4，KM1 线圈得电，KM1 辅助常开触点闭合（形成自锁）；

③ 按下 SB1，KM1 线圈断电；

④ 按下 SB3，KM1 线圈断电；

⑤ 当电动机过载时，FR1 断开，KM1 线圈断电；

⑥ 当线路中出现短路情况时，FU4 和 FU5 断开，KM1 线圈断电。

3. 电气线路工作过程

合上 QS；

电动机启动运行控制：

电动机停止控制：

任务实施

1. 实施要求

列出任务计划书，按照电气线路布局、布线的基本原则，在给定的电气线路板上，固定好相应电气元件，完成三相异步电动机多地控制线路的安装、调试、自检，并带电机通电试车。

2. 设备器材

电工工具 1 套（钳子、剥线钳），实物接线板 1 块，配电板 1 块，导线若干，试电笔 1 支，万用表 1 块。元件明细表见表 2-14。

表 2-14 元件明细表

序号	名称	型号与规格	数量/个	备注
1	熔断器	RL1-10 10A，配 10A 熔体	5	
2	交流接触器	CJ20-10 220V	1	
3	热继电器	JR36-20/3(0.4～0.63A)	1	

续表

序号	名称	型号与规格	数量/个	备注
4	按钮	LA4-2H 500V 5A	4	
5	接线端子排	JD0-1020 10A 20 节	2	
6	指示灯	AD16-22DS(AC220V)	1	
7	刀开关	HR5-300/31	1	
8	三相异步电动机	Y-112M4 4kW	1	台

3. 实施内容及操作程序

① 绘制安装接线图。

② 选配并检验元器件和工具设备：

a. 按线路图配齐电气设备和元件，并逐个检验其规格和质量。特别注意检查整流器的耐压值、额定电流值是否符合要求。

b. 根据电动机的容量、线路走向及要求和各元件的安装尺寸，正确选配导线的规格、导线通道类型和数量、接线端子板、控制板、紧固件等。

③ 在控制板上固定电气元件和线槽，并在电气元件附近做好与电路图上相同代号的标记。（安装线槽时，应做到横平竖直、排列整齐均匀、安装牢固和便于走线等。）

④ 在控制板上按接线图进行板前线槽配线（按板前线槽配线的工艺要求进行），导线要有端子标号，导线两端要用冷压端子，接线时注意 KM1、KM2 的端子号，防止接错造成短路。

⑤ 进行控制板外的（外围）元件固定和布线，电源线、电动机线、按钮等接线要通过端子排过渡到控制板，导线要有端子标号，导线两端要用冷压端子。

⑥ 自检

a. 根据电路图检查电路的接线是否正确和接地通道是否具有连续性。

b. 检查热继电器的整定值和熔断器中熔体的规格是否符合要求。

c. 检查电动机及线路的绝缘电阻。

d. 检查电动机的安装是否牢固，与生产机械传动装置的连接是否可靠。

e. 清理安装现场。

⑦ 通电试车（通电试车必须在教师的监护下进行，并严格遵守安全操作规程）

a. 接通电源，点动控制电动机的启动，先按下 SB2，再按下 SB4，依次检查两地线路控制电动机的启动运转是否符合要求。

b. 空载试车。空载试车时，先合上电源开关，后按启动按钮 SB2，应认真观察各电气元件、线路、电动机的工作是否正常；停止电机运转后，再按启动按钮 SB4，观察该路控制线路、各电气元件、电动机的工作是否正常。发现异常，应立即切断电源进行检查，待调查或修复后方可再次通电试车。

⑧ 故障检修训练。在通电试车成功的电路上人为地设置故障，（断）通电运行，在表 2-15 中记录故障现象并分析原因、排除故障。

表 2-15 故障检查及排除

故障设置	故障现象	检查方法及排除
SB2 触点接触不良		

续表

故障设置	故障现象	检查方法及排除
SB4 触点接触不良		
SB1 触点断开		
SB3 触点断开		
接触器 KM1 线圈断路		
KM1 主触点不闭合		
热继电器常闭触点断开		

(4) 考核评分（表 2-16）

表 2-16　考核评分表

项目内容	评分标准	配分	扣分	得分
装前检查	1. 电动机质量检查，每漏一处扣 3 分 2. 电气元件漏检或错检，每处扣 2 分	15		
安装元件	1. 不按布置图安装，扣 10 分 2. 元件安装不牢固，每只扣 2 分 3. 安装元件时漏装螺钉，每只扣 0.5 分 4. 元件安装不整齐、不合理，每只扣 3 分 5. 损坏元件，扣 10 分	15		
布线	1. 不按电路图接线，扣 15 分 2. 布线不符合要求：主电路，每根扣 2 分；控制电路，每根扣 1 分 3. 接点松动、接点露铜过长、压绝缘层、反圈等，每处扣 0.5 分 4. 损伤导线绝缘或线芯，每根扣 0.5 分 5. 漏记线号不清楚、遗漏或误标，每处扣 0.5 分 6. 标记线号不清楚、遗漏或误标，每处扣 0.5 分	30		
通电试车	1. 第一次试车不成功，扣 10 分 2. 第二次试车不成功，扣 20 分 3. 第三次试车不成功，扣 30 分	40		
安全文明生产	违反安全、文明生产规程，扣 5~40 分			
定额时间 90min	按每超时 5min 扣 5 分计算			
备注	除定额时间外，各项目的最高扣分不应超过配分数			
开始时间		结束时间		实际时间

任务小结

本任务讲述了三相异步电动机多地启停控制的定义、控制线路原理图及工作过程，多地启停控制是在不同的地点实现对电动机的启停进行控制，主要应用大型机床设备中，实现操作方便，将动合触点并联即可以实现多地启动控制，将动断触点串联即可实现多地停止控制。

项目总结

本项目主要介绍了三相异步电动机控制回路中常用低压元器件和三相异步电动机启

停控制典型电气回路，讲解了多种三相异步电动机启停控制典型回路，对相应的电气原理图进行了详细的讲解，并安排了电动机启停控制线路的实践操作训练，目的是能熟练掌握多种三相异步电动机启停控制的电气系统装调、低压元器件的应用、线路排故与管理等相关知识。

通过本章的知识学习，回顾本章开头图 2-1 所示传送带输送机的电气原理图，分析传送带输送机工作时电动机启动、停止过程，其工作流程如下所示：

传送带输送机启动过程：

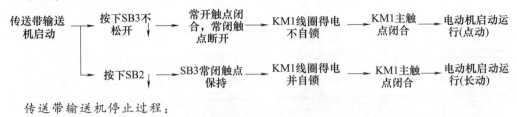

传送带输送机停止过程：

项目自检

1. 三相异步电动机定子中串电阻降压启动控制中所串联的电阻起到什么作用？
2. 串电阻降压启动与 Y-△降压启动的区别是什么？
3. 电动机在什么情况下应采用降压启动？定子绕组为星形接法的笼型异步电动机能否采用 Y-△降压启动？为什么？
4. 读图 2-36，思考并回答以下几个问题：
（1）此控制线路由哪些元件组成？
（2）此控制线路的工作原理。

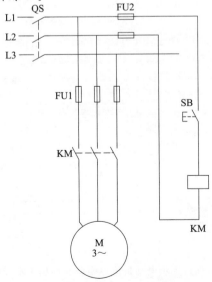

图 2-36　电气控制原理图

(3) 此控制线路使用哪些元器件来构成保护环节？

(4) 此控制系统实现的是什么功能？

5. 如何将下列点动控制回路改成点动与自锁控制结合的线路（图 2-37）？

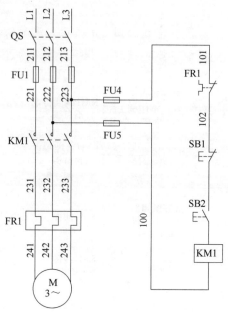

图 2-37　点动控制原理图

6. 分析图 2-38 存在什么不足？利用现所学知识进行改进，并画出对应的电路原理图和控制过程示意图。

笔记

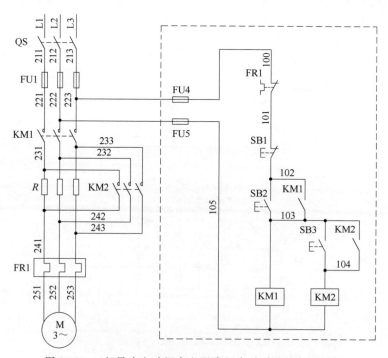

图 2-38　三相异步电动机串电阻降压启动手动控制原理图

项目三

三相异步电动机顺序控制

📌 项目引入

项目引入

机械加工制造设备因满足不同制造功能要求，需采用两台甚至多台电动机进行分部件的驱动，为了确保设备稳定可靠地工作，往往要求相关联的电动机按一定的顺序启动或停止。如电加工行业中应用最为广泛的一种加工方法电火花线切割，如图 3-1 所示，其基本原理是利用移动的细小金属导线（铜线或钼丝）作电极，对工件进行脉冲火花放电，在电火花线切割机床加工过程中，启动加工时应先启动冷却泵，用一定浓度的水基乳化液进行冷却排屑，然后才能启动走丝电动机进行加工。那么怎样通过电气控制的方式实现多台电动机的顺序控制，本项目来进行解决。

✏️ 笔记

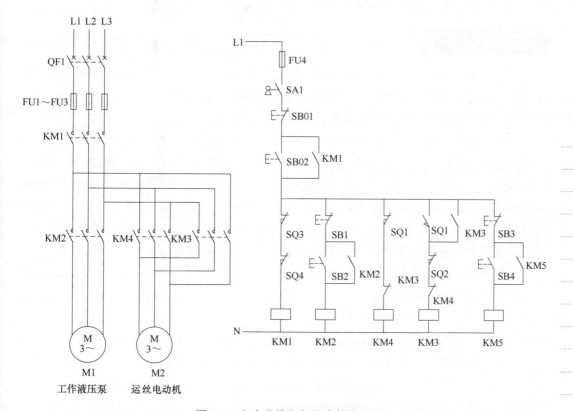

图 3-1 电火花线切割机床结构图

项目目标

知识目标

1. 掌握三相异步电动机顺序控制的特点与应用范围;
2. 掌握三相异步电动机顺序控制的典型控制线路原理;
3. 了解三相异步电动机顺序控制的电气系统安装和调试的基本步骤。

能力目标

1. 熟练识别三相异步电动机顺序控制线路中的各种常用低压电器,能读懂电路图;
2. 具备三相异步电动机顺序控制的电气系统安装、接线和调试基本技能。
3. 正确识读三相异步电动机顺序控制电气控制线路的原理图、布置图和安装接线图;
4. 能够按照三相异步电动机顺序控制电气原理图检查所需电路元器件的数量、型号等;
5. 能够按照工艺要求在实训工作台上进行电气元器件的安装、接线并调试;
6. 具备三相异步电动机顺序控制电气控制技术的分析与应用能力。

素质目标

1. 强化安全意识、规矩意识、"6S"素养;
2. 培养文字表达和沟通能力、创新思维;
3. 培养综合职业素养,树立劳动精神和工匠精神。

主电路控制
顺序控制

知识链接

在工业生产过程中,为了保证设备的正常工作,常常要求这些电动机按顺序进行启动,如只有在电动机 A 启动后,电动机 B 才能启动,否则机械设备工作容易出现问题。顺序起停控制线路就是让多台电动机能按一定顺序起停工作。

三相异步电动机顺序控制可以简单理解为前面章节所学单电机控制的叠加,每台电动机控制线路设计完全可以参照前面章节所讲的降压起动、长动控制、制动控制等典型控制线路,三相异步电动机顺序控制设备或系统只是将多台三相异步电动机按一定的顺序进行控制,以实现多台三相异步电动机的顺序控制。多台三相异步电动机顺序控制线路中的低压电器元件,都是采用单三相异步电动机控制典型电路中所用的低压电器元件,所以三相异步电动机顺序控制环节不介绍新的常用低压电器元件。

三相异步电动机的顺序控制类型通常有三种:顺序启动、单独停车;顺序启动、同时停车和顺序启动、逆序停车。在实现三相异步电动机顺序控制的方法可以选择机械方式和自动方式。机械方式实现三相异步电动机顺序控制是通过手动操作按钮/开关顺序接通相应电气线路,从而使对应电动机得电,按一定顺序启动或停止多台电动机。自动方式实现三相异步电动机顺序控制可以通过低压电器触点间的相互抑制,使电动机按照约定的顺序实现启停控制,也可以利用时间继电器来进行时间约定,控制多台三相异步电动机顺序控制的时间间隔,达到一次按钮就能实现多台三相异步电动机按一定的时间启动,以此来实现多台电动机的顺序控制。

任务　三相异步电动机的顺序启动同时停止控制

任务描述

两台三相异步电动机顺序启动控制电气原理如图 3-2 所示，通过对三相异步电动机顺序控制线路的实际安装接线与维修训练，熟练掌握两台三相异步电动机，甚至多台三相异步电动机控制线路的安装、接线与调试的方法和工艺，初步掌握控制线路的维修方法与步骤。

顺序启动同时停止控制（一）

顺序启动同时停止控制（二）

顺序启动逆序停止控制（一）

顺序启动逆序停止控制（二）

笔记

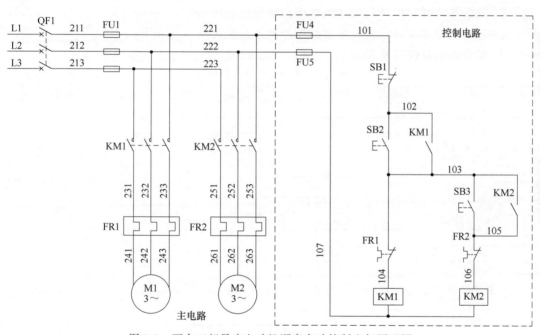

图 3-2　两台三相异步电动机顺序启动控制电气原理图

任务分析

如图 3-2 所示为机械按钮控制方式实现两台三相异步电动机的顺序控制，控制顺序为顺序启动、同时停止：三相异步电动机 M1 先启动、三相异步电动机 M2 后启动，两台同时停止。

1. 主电路工作原理分析

① L1、L2、L3 为三相电源；

② QF1 为主电路开关；

③ 三相异步电动机 M1 和 M2 各由热继电器 FR1、FR2 进行过载保护；

④ 接触器 KM1 控制三相异步电动机 M1 的启动、停止，接触器 KM2 控制三相异步电动机 M2 的启动、停止。

⑤ 主电路发生短路时，FU1 熔断或 QF1 自动分断，主电路断开供电电源，电动机

停止运行或制动。

2. 控制电路工作原理分析

① SB2 按钮接通，KM1 线圈得电，KM1 辅助常开触点接通，并形成自锁；
② SB3 按钮接通，KM2 线圈得电，KM2 辅助常开触点接通，并形成自锁；
③ SB1 按钮断开，KM1、KM2 线圈同时断电；
④ 当三相异步电动机 M1 过载时，FR1 常闭触点断开，KM1 线圈断电；
⑤ 当三相异步电动机 M2 过载时，FR2 常闭触点断开，KM2 线圈断电；
⑥ 当电动机过载时，经过一段时间 FR1 或 FR2 分断实现保护。

任务实施

1. 实践目的

① 熟悉并掌握三相异步电动机顺序控制线路接线；
② 理解三相异步电动机顺序启动与停车控制原理及实现方法。

2. 实践设备及仪器（表 3-1）

表 3-1 实践设备及工具列表

名称	规格型号	数量	备注
电气控制安装板	自制	1 块	
三相异步电动机	Y-112M-4	2 台	
万用表	DT905	1 块	
交流接触器	CJ20-20	2 个	
电磁式继电器	JZ14-44J/4	2 个	
熔断器 FU1	RL1-60/25	3 个	
熔断器 FU4/FU5	RL1-15/2	2 个	
热继电器 FR	JR16-20/3	2 个	
常开按钮	LA20-22	2 个	
常闭按钮	LA20-22J	1 个	
低压断路器	DZ47-63/1p	1 个	
主电路导线	BVR-1.5	若干	
控制电路导线	BVR-1.0	若干	
端子排	JX2-1015	1 个	

笔记

3. 元件检测

对实践环节提供的电气元件进行通断测试，使用万用表测通断功能挡位，对按钮、熔断器、接触器、继电器、空气开关的触点进行通断测试，常开触点常态下是不通状态，动作后是接通状态；常闭触点在常态下是接通状态，动作后是不通的状态。所有元器件通断测试合格后，才能进行接线调试。

4. 元件布置

电气元件布置图是用来表明电气设备上所有三相异步电动机和各电气元件的实际位置。在实训平台上需要合理分配各电气元件的位置，尽量减少绕线，尽量避免强弱电交叉，在实践开始前需手动画出各元器件的相对位置。

5. 线路连接

（1）按图 3-2 虚线框内连接控制电路

自查线路无误后，先进行断电测试，合格后再经指导教师检查，检查合格后才能合上电源开关 QF1，分别依次操作 SB2、SB3，观察接触器 KM1、KM2 动作情况正常后，再接主电路。

（2）连接主电路

从电源开关 QF1 出口处开始连接，经过 KM1、KM2 主触点一直连接到电动机端点，特别注意作为接触器触头接线是否正确，并进行上电前检查和带电检查。

6. 排故

若接完线进行带电调试过程中出现故障，则需要进行故障排除，故障现象及排故方法有很多，这里列举常见故障及排除方法，见表 3-2。

表 3-2　三相异步电动机顺序控制线路常见故障分析

故障现象	故障原因分析	故障排除方法
按钮 SB2 接通，电动机不动		
按钮 SB2 接通，两台电动机都动作		
按钮接通，三相异步电动机时而接通，时而不通		
按钮接通，电动机转动时突然停止		

7. 考核评分（表 3-3）

表 3-3　三相异步电动机顺序控制线路调试评判标准

项目内容	评分标准	配分	扣分	得分
装前检查	1. 电动机质量检查，每漏一处扣 3 分 2. 电气元件漏检或错检，每处扣 2 分	15		
安装元件	1. 不按布置图安装，扣 10 分 2. 元件安装不牢固，每只扣 2 分 3. 安装元件时漏装螺钉，每只扣 0.5 分 4. 元件安装不整齐、不合理，每只扣 3 分 5. 损坏元件，扣 10 分	15		
布线	1. 不按电路图接线，扣 15 分 2. 布线不符合要求：主电路，每根扣 2 分；控制电路，每根扣 1 分 3. 接点松动、接点露铜过长、压绝缘层、反圈等，每处扣 0.5 分 4. 损伤导线绝缘或线芯，每根扣 0.5 分 5. 漏记线号不清楚、遗漏或误标，每处扣 0.5 分 6. 标记线号不清楚、遗漏或误标，每处扣 0.5 分	30		
通电试车	1. 第一次试车不成功，扣 10 分 2. 第二次试车不成功，扣 20 分 3. 第三次试车不成功，扣 30 分	40		
安全文明生产	违反安全、文明生产规程，扣 5～40 分			
定额时间 90min	按每超时 5min 扣 5 分计算			
备注	除定额时间外，各项目的最高扣分不应超过配分数			
开始时间	结束时间	实际时间		

实践训练环节，指导老师在讲解完任务注意事项后，按实训条件进行分组训练，在实践考核过程中，指导老师可以根据表 3-3 各项评分标准进行打分，课后布置任务拓展评分也可参考此评分标准，电气原理图由指导老师自定评分标准。

任务小结

本任务讲述了三相异步电动机顺序控制的定义、控制线路原理图及工作过程，顺序控制主要有顺序启停、顺序启动逆序停止等。在生产实践中，顺序控制是按照一定的顺序逐步控制来完成各个工序的控制方式，可以通过手动操作按钮/开关顺序接通相应电气线路，从而使对应电动机得电，按一定顺序启动或停止多台电动机；也可以通过低压电器触点间的相互抑制，使电动机按照约定的顺序实现启停控制；还可以利用时间继电器来进行时间约定，控制多台三相异步电动机顺序控制的时间间隔，达到一次按钮就能实现多台三相异步电动机按一定的时间启动，以此来实现多台电动机的顺序控制。

本次任务从电气原理图的工作原理分析，到实践调试都进行了详细的讲解，三相异步电动机顺序控制线路中所涉及电气元件在之前章节都已经介绍过，并且电气控制线路扩展得并不多，主要难点在于如何实现两台电动机甚至更多台电动机的启动/停止顺序。在前面章节所用过的时间继电器和速度继电器，如何将这两个电气元件应用到三相异步电动机顺序控制中来，可以作为课外拓展自行开展。

项目总结

本项目主要讲解了如何采用机械控制方式来实现三相异步电动机顺序的控制，对电气原理图进行了详细的讲解，并安排了三相异步电动机顺序控制线路的实践操作训练，目的是能熟练掌握三相异步电动机顺序控制电气系统装调、维护与检修及电气管理相关知识，注重提升在长距离及多地方布线的规范性和自我检查线路规范性的职业精神。

思考：两台三相异步电动机顺序控制的其他控制方式？

项目自检

1. 如图 3-3 所示顺序控制电路，试分析说明该电路中的控制方式属于哪种顺序控制？
2. 如图 3-4 所示控制电路，如果先按下 SB4，三相异步电动机 M2 能否接通，为什么？

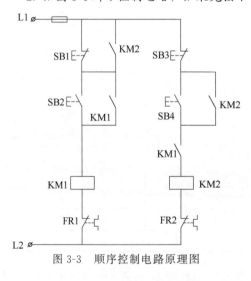

图 3-3　顺序控制电路原理图

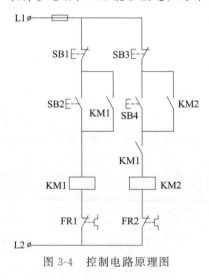

图 3-4　控制电路原理图

3. 试设计一个电路，可实现以下控制要求：
   （1）三相异步电动机 M1 启动后，M2 启动，再 M3 启动；
   （2）三相异步电动机 M3 先停车，其余两台三相异步电动机可同时停车。

4. 在图 3-3 所示控制电路基础上，将手动顺序控制修改为手动-自动一体的顺序控制电路，并总结出顺序启停控制规律。

项目四

三相异步电动机正反转控制

项目引入

日常生活和智能制造中经常遇到要求执行机构双向执行动作,已达到功能要求。如伸缩门的左右移动(图4-1)、洗衣机滚筒的旋转、工程升降机的上升与下降(图4-2)、生产机械改变运动方向(主轴的伸缩、工作台的左右移动)等,执行动作和功能要求设计的电气控制线路控制三相异步电动机实现正转、反转两个方向的运转。从项目一可知,只要将三相异步电动机接在三相电源中的任意两根电源线对调,即改变电源的相序,就可实现电动机的反转,那怎样稳定可靠地控制三相异步电动机的正反转?

图4-1 伸缩门的左右移动

图4-2 工程升降机的上升与下降

MD1型钢丝绳电动葫芦是一种轻小型起重设备。它可以应用在葫芦单梁、桥式起重机、门式起重机、悬挂起重机等机械上,实现精密装卸、砂箱合模、机床检修等精细作业,作业过程中要实现吊钩的升降和水平移动,故要求吊钩升降控制电动机和水平移动电动机能正反转,MD1型钢丝绳电动葫芦电气控制线路如图4-3所示。

项目目标

知识目标

1. 熟悉低压断路器、行程开关的基本结构与工作原理;
2. 理解掌握三相异步电动机正反转控制方法与控制原理。

能力目标

1. 正确识别三相异步电动机正反转控制线路中各种低压元器件;
2. 熟练分析常见三相异步电动机正反转控制线路工作过程;
3. 熟练进行三相异步电动机正反转控制线路布线连接和线路检修。

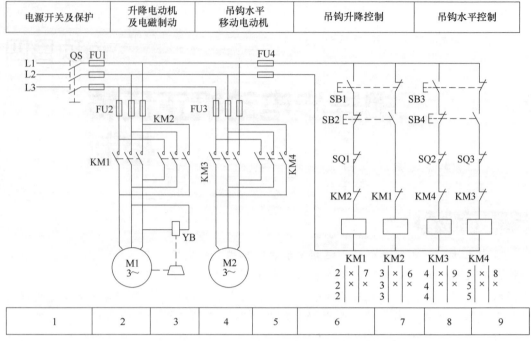

图 4-3　MD1 型钢丝绳电动葫芦电气控制线路

低压断路器

素质目标

1. 强化安全意识和规矩意识；
2. 强化的团队协调协作意识；
3. 树立精益求精的大国工匠精神。

知识链接

笔记

生产机械改变运动方向（主轴的伸缩、工作台的左右移动等），电动机能实现正转、反转两个方向的运转。只要将电动机接在三相电源中的任意两根电线对调，即改变电源的相序，就可实现电动机的反转，因电动机的正反转不能同时进行，在设计正反转控制时一定要注意正反转之间的互锁保护。

一、低压断路器

低压断路器也称为自动空气开关，可用于不频繁接通和电路过载、短路及失压时主动分断电路。它功能相当于闸刀开关、过电流继电器、失压继电器、热继电器及漏电保护器等电器部分或全部的功能总和，是低压配电网中一种重要的保护电。低压断路器具有过载、短路、欠电压保护等多种保护功能，动作值可调、分断能力高、操作方便、安全等优点，所以目前被广泛应用。低压断路器由操作机构、触点系统、保护装置（各种脱扣器）、灭弧系统等组成，如图 4-4 所示。

1. 低压断路器工作原理

① 低压断路器的主触点是靠手动操作或电动合闸的。

② 主触点闭合后，自由脱扣机构将主触点锁在合闸位置上。

③ 过电流脱扣器的线圈和热脱扣器的热元件与主电路串联，欠电压脱扣器的线圈和电源并联。

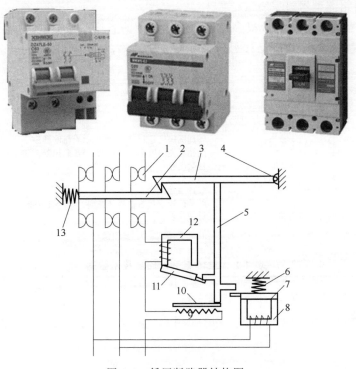

图 4-4 低压断路器结构图

1—主触头；2—锁键；3，4—脱钩；5—杠杆；6~8—失压脱扣器；
9，10—热脱扣器；11，12—过电流脱扣器；13—弹簧

④ 当电路发生短路或严重过载时，过电流脱扣器的衔铁吸合，使自由脱扣机构动作，主触点断开主电路。当电路过载时，热脱扣器的热元件发热使双金属片上弯曲，推动自由脱扣机构动作。

⑤ 当电路欠电压时，欠电压脱扣器的衔铁释放。也使自由脱扣机构动作。

⑥ 分励脱扣器则作为远距离控制用，在正常工作时，其线圈是断电的，在需要距离控制时，按下启动按钮，使线圈通电，衔铁带动自由脱扣机构动作，使主触点断开。

2. 低压断路器技术参数

（1）额定电压

额定工作电压：低压断路器的额定工作电压是指与能断能力及使用类别相关的电压值。

额定绝缘电压：低压断路器的额定绝缘电压是指断路器的最大额定工作电压，在任何情况下，最大额定工作电压不超过绝缘电压。

（2）额定电流

断路器壳架等级额定电流用尺寸和结构相同的框架或塑料外壳中能装入的最大脱扣器额定电流表示。

断路器额定电流指额定持续电流，也就是脱扣器能长期通过的电流，对带可调式脱扣器的断路器来说是可长期通过的最大电流。

（3）额定短路分断能力

额定短路分断能力是断路器在规定条件下所能分断的最大短路电流。

3. 低压断路器型号

低压断路器的结构和型号很多，目前我国常用的有低压框架式（DW 型）断路器和低压塑壳式（DZ）型，其产品代号含义如图 4-5 所示，表 4-1 为 DZ15 系列断路器技术数据。

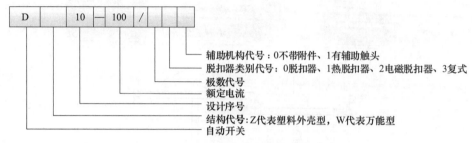

图 4-5 低压断路器代号含义

表 4-1 DZ15 系列断路器技术数据

型号	额定电流/A	极数	脱扣器额定电流/A	额定短路电流/A	电气寿命/次
DZ15-40/190 DZ15-40/290 DZ15-40/390 DZ15-40/490	40	1、2、3、4	6、10、16、20、25、32、40	3000	15000
DZ15-63/190 DZ15-63/290 DZ15-63/390 DZ15-63/490	63	1、2、3、4	6、10、16、20、25、32、40、50、63	5000	10000
DZ15-100/390 DZ15-100/490	100	3、4	80、100	6000	10000

行程开关

4. 低压断路器图形符号

图 4-6 为低压断路器的图形符号。

二、行程开关

行程开关又称限位开关，是位置开关的一种，是一种常用的小电流主令电器。利用生产机械运动部件的碰撞使其触头动作来实现接通或分断控制电路，达到一定控制目的。通常，这类开关被用来限制机械运动的位置或行程，使运动机械按一定位置或行程自动停止、反向运动、变速运动或自动往返运动等。行程开关有直动式、滚轮式、微动式等多种结构，主要区别在于操作方式和操作机构的形状不同，如图 4-7 所示。

1. 行程开关的种类与结构

行程开关的种类很多，但结构大致相同。从结构上看，行程开关可分为三个部分，触点系统、操作机构和外壳，如图 4-8 所示。

行程开关内有一个微动开关，有一对常开触头和常闭触头，工

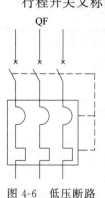

图 4-6 低压断路器的图形符号

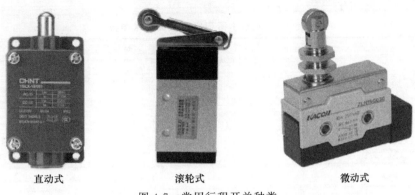

图 4-7 常用行程开关种类

图 4-8 行程开关结构示意图

作原理类似于按钮。工作时,生产机械运动部件上的撞块碰到滚轮,压下触杆,从而使常闭触点断开,常开触点闭合,发出通断信号从而断开或接通电路,以达到控制的目的。

2. 行程开关型号

行程开关型号很多,如 DTH 型耐高温行程开关、DZ-31 型防水行程开关、JW2 系列行程开关、YNTH 耐高温行程开关等,图 4-9 为 JLX 系列行程开关型号说明图。

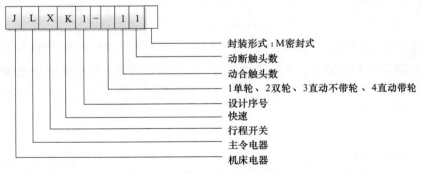

图 4-9 JLX 系列行程开关型号

3. 行程开关的技术参数

行程开关的主要参数有型号、动作行程、工作电压、触头数量、电流容量等。常用型号有 LX2、LX19、JLXK11 型及 LXW-11、JLXW1-11 型(微动开关)等。JLXK1

系列行程开关技术参数见表 4-2。

表 4-2　JLXK1 系列行程开关技术参数

型号	额定电压		额定电流/A	触头数量		结构形式
	交流/V	直流/V		常开触头	常闭触头	
JLXK1-111	500	400	5	1	1	单轮防护式
JLXK1-211						双轮防护式
JLXK1-111M						单轮密封式
JLXK1-211M						双轮密封式
JLXK1-311						直动防护式
JLXK1-111M						直动密封式
JLXK1-411						单轮滚轮防护式
JLXK1-411M						直动滚轮密封式

4. 行程开关的符号

行程开关的文字图形符号如图 4-10 所示。

"正-停-反"控制

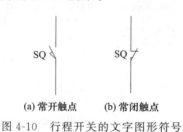

(a) 常开触点　　(b) 常闭触点

图 4-10　行程开关的文字图形符号

任务一　"正-停-反"控制

任务描述

三相异步电动机"正-停-反"电气控制电气原理如图 4-11 所示，通过对"正-停-反"电气控制线路原理分析、实际安装接线与调试维修训练，熟练掌握控制线路的工作过程、安装、接线与调试的方法和工艺，初步掌握控制线路的维修方法与步骤。

任务分析

三相异步电动机"正-停-反"控制是指电动机的正反转不能直接进行切换，电动机先启动正转时要切换到反转必须先使电动机停下来，然后通过反转启动按钮才能切换到反转，在任意时刻可以停止，反之亦然。

1. 主电路工作原理分析

三相异步电动机"正-停-反"控制主电路如图 4-11 所示，其中 SB2、KM1 控制电动机正转，SB3、KM2 控制电动机反转。

① 合上 QF1：主电路电源供电。
② KM1 主触头闭合，KM2 主触头断开，电动机正转。
③ KM2 主触头闭合，KM1 主触头断开，电动机反转。
④ 断开 QF1，电动机电源供电断开。
⑤ 主电路的保护：当主电路出现短路时，QF1 自动分断，主电路断开供电电源，电动机停转；当主电路出现负载超载一段时间时，控制电路 FR1 自动分断，控制电路断开，从而保证主电路 KM1 或 KM2 主触点断开，主电路断开，电动机断电停转。

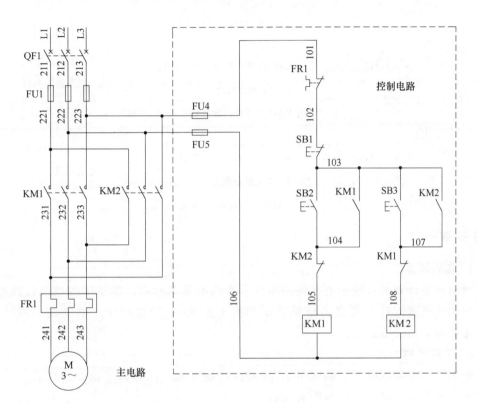

图 4-11 "正-停-反"控制电气原理图

2. 控制电路原理分析

① 按下 SB2，KM1 线圈得电，KM1 辅助常开触头闭合，KM1 自锁。
② KM1 辅助常闭触头断开，互锁 KM2。
③ 按下 SB1，KM1 线圈断电，KM1 辅助常开触头断开，正转控制线路断开；KM1 辅助常闭触头闭合。
④ 按下 SB3，KM2 线圈得电，KM2 辅助常开触头闭合，KM2 自锁。
⑤ KM2 辅助常闭触头断开，互锁 KM1。
⑥ 按下 SB1，KM2 线圈断电，KM2 辅助常开触头断开，反转控制线路断开；KM2 辅助常闭触点闭合。
⑦ 控制电路的保护：KM1 与 KM2 互锁，实现正反转控制不能同时接通。

3. 电气线路工作过程

合上 QF1；

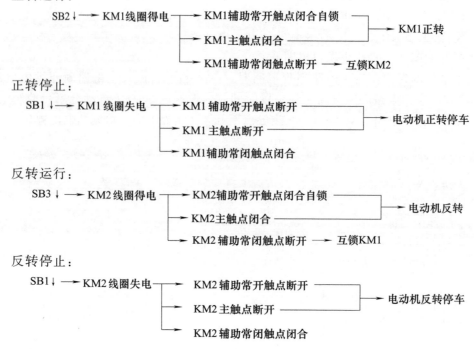

任务实施

1. 实施要求

列出任务计划书，按照电气线路布局、布线的基本原则，在给定的电气线路板上，固定好相应电气元件，完成三相异步电动机"正-停-反"控制线路的安装、调试、自检，并带电动机通电试车。

2. 设备器材

电工工具1套（取子、剥线钳），实物接线板1块，配电板1块，导线若干，试电笔1支，万用表1块。元件明细表见表4-3。

表 4-3 元件明细表

序号	名称	型号与规格	数量	备注
1	熔断器	RL1-10 10A ,配10A熔体	5	
2	交流接触器	CJ20-10 220V	2	
3	热继电器	JR36-20/3(0.4～0.63A)	1	
4	按钮	LA4-2H 500V 5A	3	
5	接线端子排	JD0-1020 10A 20节	2	
6	指示灯	AD16-22DS(AC220V)	2	
7	断路器	NXB-63 （2PX1,3PX1）	1	
8	三相异步电动机	Y-112M4 4kW 三角形接法	1	

3. 实施内容及操作程序

① 绘制安装接线图。

② 选配并检验元器件和工具设备。

a. 按线路图配齐电气设备和元件，并逐个检验其规格和质量。特别注意检查整流器的耐压值、额定电流值是否符合要求。
　　b. 根据电动机的容量、线路走向及要求和各元件的安装尺寸，正确选配导线的规格、导线通道类型和数量、接线端子板、控制板、紧固件等。
　③ 在控制板上固定电气元件和线槽，并在电气元件附近做好与电路图上相同代号的标记。（安装线槽时，应做到横平竖直、排列整齐均匀、安装牢固和便于走线等。）
　④ 在控制板上按接线图进行板前线槽配线（按板前线槽配线的工艺要求进行），导线要有端子标号，导线两端要用别径压端子，接线时注意 KM1、KM2 的端子号，防止接错造成短路。
　⑤ 进行控制板外的（外围）元件固定和布线，电源线、电动机线、按钮等接线要通过端子排过渡到控制板，导线要有端子标号，导线两端要用别径压端子。
　⑥ 自检
　　a. 根据电路图检查电路的接线是否正确和接地通道是否具有连续性。
　　b. 检查热继电器的整定值和熔断器中熔体的规格是否符合要求。
　　c. 检查电动机及线路的绝缘电阻。
　　d. 检查电动机的安装是否牢固，与生产机械传动装置的连接是否可靠。
　　e. 清理安装现场。
　⑦ 通电试车（通电试车必须在教师的监护下进行，并严格遵守安全操作规程）
　　a. 接通电源，点动控制电动机的启动，以检查电动机的转向是否符合要求。
　　b. 先空载试车，正常后方可接上电动机带载试车。空载试车时，应认真观察各电器元件、线路、电动机的工作是否正常。发现异常，应立即切断电源进行检查，待调查或修复后方可再次通电试车（试车时：要先合上电源开关，后按启动按钮；要先按停止按钮，后断电源开关）。
　⑧ 故障检修训练。在通电试车成功的电路上人为地设置故障，（断）通电运行，在表 4-4 中记录故障现象并分析原因、排除故障。

表 4-4　故障检查及排除

故障设置	故障现象	检查方法及排除
按下 SB2 电动机不转		
接触器 KM1 线圈断路		
KM2 辅助常开触点不闭合		
反转不能连续运行		

4. 考核评分（表 4-5）

表 4-5　考核评分表

项目内容	评分标准	配分	扣分	得分
装前检查	1. 电动机质量检查，每漏一处扣 3 分 2. 电气元件漏检或错检，每处扣 2 分	15		
安装元件	1. 不按布置图安装，扣 10 分 2. 元件安装不牢固，每只扣 2 分 3. 安装元件时漏装螺钉，每只扣 0.5 分 4. 元件安装不整齐、不对称、不合理，每只扣 3 分 5. 损坏元件，扣 10 分	15		

续表

项目内容	评分标准	配分	扣分	得分
布线	1. 不按电路图接线,扣 15 分 2. 布线不符合要求:主电路,每根扣 2 分;控制电路,每根扣 1 分 3. 接点松动、接点露铜过长、压绝缘层、反圈等,每处扣 0.5 分 4. 损伤导线绝缘或线芯,每根扣 0.5 分 5. 漏记线号不清楚、遗漏或误标,每处扣 0.5 分 6. 标记线号不清楚、遗漏或误标,每处扣 0.5 分	30		
通电试车	1. 第一次试车不成功,扣 10 分 2. 第二次试车不成功,扣 20 分 3. 第三次试车不成功,扣 30 分	40		
安全文明生产	违反安全、文明生产规程,扣 5~40 分			
定额时间 90min	按每超时 5min 扣 5 分计算			
备注	除定额时间外,各项目的最高扣分不应超过配分数			
开始时间		结束时间		实际时间

任务小结

本任务讲述了三相异步电动机"正-停-反"控制的定义、控制电气原理图及工作过程。"正-停-反"控制不能直接实现由正转切换到反转,反之也不能由反转切换到正转,正反转的切换必须先经过停止,通过接触器互锁实现正反转不同时接通。

"正-反-停"控制 笔记

任务二 "正-反-停"控制

任务描述

三相异步电动机"正-反-停"电气控制电气原理如图 4-12 所示,通过对"正-反-停"电气控制线路原理分析、实际安装接线与调试维修训练,熟练掌握控制线路的工作过程、安装、接线与调试的方法和工艺,初步掌握控制线路的维修方法与步骤。

任务分析

三相异步电动机"正-反-停"控制是指电动机的正反转通过按钮可以直接切换,当电动机先启动正转时,直接按下反转控制按钮可以切换反转,在任意时刻可以停止,反之亦然。

1. 主电路工作原理分析

三相异步电动机"正-反-停"控制主电路如图 4-12 所示,其中 SB2、KM1 控制电动机正转,SB3、KM2 控制电动机反转。

① 合上 QF1:主电路电源供电。
② KM1 主触头闭合,KM2 主触头断开,电动机正转。
③ KM2 主触头闭合,KM1 主触头断开,电动机反转。
④ 断开 QF1,电动机电源供电断开。

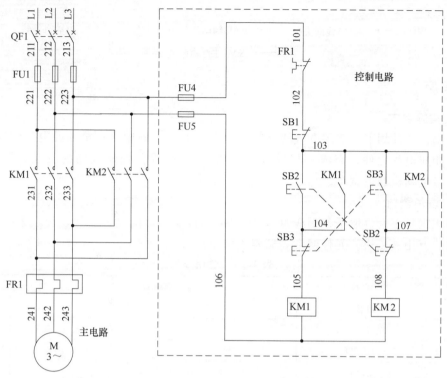

图 4-12 "正-反-停"控制电气原理图

⑤ 主电路的保护：当主电路出现短路时，QF1 自动分断，主电路断开供电电源，电动机停转；当主电路出现负载超载一段时间时，控制电路 FR1 自动分断，控制电断开，从而保证主电路 KM1 或 KM2 主触点断开，主电路断开，电动机断电停转。

2. 控制电路原理分析（假设先启动正转）

① 按下 SB2，SB2 常闭触点断开，反转控制线路断电。
② SB2 常开触点闭合，KM1 线圈得电，KM1 辅助常开触头闭合，KM1 自锁。
③ 按下 SB3，SB3 常闭触点断开，正转控制线路断电。
④ SB3 常开触点闭合，KM2 线圈得电，KM2 辅助常开触头闭合，KM2 自锁。
⑤ 按下 SB1，KM2 线圈断电，KM2 辅助常开触头断开，反转控制线路断开；KM2 辅助常闭触点闭合。
⑥ 控制电路的保护：复合按钮 SB2、SB3 实现联锁，正反转控制不能同时接通。

3. 电气线路工作过程

合上 QF1；
正转运行：

停止：

任务实施

1. 实施要求

列出任务计划书，按照电气线路布局、布线的基本原则，在给定的电气线路板上，固定好相应电气元件，完成三相异步电动机"正-反-停"控制线路的安装、调试、自检，并带电动机通电试车。

2. 设备器材

电工工具 1 套（取子、剥线钳），实物接线板 1 块，配电板 1 块，导线若干，试电笔 1 支，万用表 1 块。元件明细表见表 4-6。

表 4-6　元件明细表

序号	名称	型号与规格	数量	备注
1	熔断器	RL1-10 10A，配 10A 熔体	5	
2	交流接触器	CJ20-10 220V	2	
3	热继电器	JR36-20/3(0.4～0.63A)	1	
4	按钮	LA4-2H　500V 5A	3	
5	接线端子排	JD0-1020 10A 20 节	2	
6	指示灯	AD16-22DS(AC220V)	2	
7	断路器	NXB-63　(2PX1、3PX1)	2	
8	三相异步电动机	Y-112M4 4kW 三角形接法	1	

3. 实施内容及操作程序

① 绘制安装接线图。

② 选配并检验元器件和工具设备。

　a. 按线路图配齐电气设备和元件，并逐个检验其规格和质量，特别注意检查整流器的耐压值、额定电流值是否符合要求。

　b. 根据电动机的容量、线路走向及要求和各元件的安装尺寸，正确选配导线的规格、导线通道类型和数量、接线端子板、控制板、紧固件等。

③ 在控制板上固定电气元件和线槽，并在电气元件附近做好与电路图上相同代号的标记。（安装线槽时，应做到横平竖直、排列整齐均匀、安装牢固和便于走线等。）

④ 在控制板上按接线图进行板前线槽配线（按板前线槽配线的工艺要求进行），导线要有端子标号，导线两端要用别径压端子，接线时注意 KM1、KM2 的端子号，防止接错造成短路。

⑤ 进行控制板外的（外围）元件固定和布线，电源线、电动机线、按钮等接线要通过端子排过渡到控制板，导线要有端子标号，导线两端要用别径压端子。

⑥ 自检

　a. 根据电路图检查电路的接线是否正确和接地通道是否具有连续性。

　b. 检查热继电器的整定值和熔断器中熔体的规格是否符合要求。

c. 检查电动机及线路的绝缘电阻。
d. 检查电动机的安装是否牢固，与生产机械传动装置的连接是否可靠。
e. 清理安装现场。

⑦ 通电试车（通电试车必须在教师的监护下进行，并严格遵守安全操作规程）

a. 接通电源，点动控制电动机的启动，以检查电动机的转向是否符合要求。

b. 先空载试车，正常后方可接上电动机带载试车。空载试车时，应认真观察各电气元件、线路、电动机的工作是否正常。发现异常，应立即切断电源进行检查，待调查或修复后方可再次通电试车（试车时：要先合上电源开关，后按启动按钮；要先按停止按钮，后断电源开关）。

⑧ 故障检修训练。在通电试车成功的电路上人为地设置故障，（断）通电运行，在表 4-7 中记录故障现象并分析原因、排除故障。

表 4-7 故障检查及排除

故障设置	故障现象	检查方法及排除
SB1 触点接触不良		
按 SB3 转向不能切换		
KM2 辅助常开触点不闭合		
FU5 断开		

4. 考核评分（表 4-8）

表 4-8 考核评分表

项目内容	评分标准	配分	扣分	得分
装前检查	1. 电动机质量检查，每漏一处扣 3 分 2. 电气元件漏检或错检，每处扣 2 分	15		
安装元件	1. 不按布置图安装，扣 10 分 2. 元件安装不牢固，每只扣 2 分 3. 安装元件时漏装螺钉，每只扣 0.5 分 4. 元件安装不整齐、不匀称、不合理，每只扣 3 分 5. 损坏元件，扣 10 分	15		
布线	1. 不按电路图接线，扣 15 分 2. 布线不符合要求：主电路，每根扣 2 分；控制电路，每根扣 1 分 3. 接点松动、接点露铜过长、压绝缘层、反圈等，每处扣 0.5 分 4. 损伤导线绝缘或线芯，每根扣 0.5 分 5. 漏记线号不清楚、遗漏或误标，每处扣 0.5 分 6. 标记线号不清楚、遗漏或误标，每处扣 0.5 分	30		
通电试车	1. 第一次试车不成功，扣 10 分 2. 第二次试车不成功，扣 20 分 3. 第三次试车不成功，扣 30 分	40		
安全文明生产	违反安全、文明生产规程，扣 5~40 分			
定额时间 90min	按每超时 5min 扣 5 分计算			
备注	除定额时间外，各项目的最高扣分不应超过配分数			
开始时间	结束时间		实际时间	

任务小结

本任务讲述了三相异步电动机"正-反-停"控制的定义、控制电气原理图及工作过程。"正-反-停"控制,采用复合按钮来实现,电动机由正转到反转无需使电动机停下,可以直接操作反转按钮使电动机反转,通过按钮联锁实现正反转不同时接通的。

双重联锁
正反转控制

任务三 双重联锁正反转控制

任务描述

三相异步电动机双重联锁正反转电气控制电气原理如图4-13所示,通过对双重联锁正反转电气控制线路原理分析、实际安装接线与调试维修训练,熟练掌握控制线路的工作过程、安装、接线与调试的方法和工艺,初步掌握控制线路的维修方法与步骤。

任务分析

三相异步电动机双重联锁正反转控制采用正反转控制接触器和按钮实现正反转的双重互锁。当电动机先启动正转时,按下反转控制按钮也可以切换反转,在任意时刻可以停止,反之亦然。

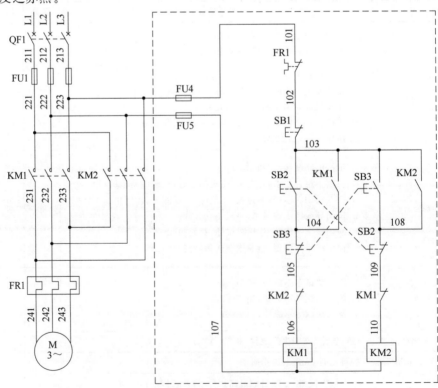

图4-13 双重联锁正反转控制电气原理图

1. 主电路工作原理分析

三相异步电动机双重联锁正反转控制主电路如图 4-13 所示，其中 SB2、KM1 控制电动机正转，SB3、KM2 控制电动机反转。

① 合上 QF1：主电路电源供电。
② KM1 主触头闭合，KM2 主触头断开，电动机正转。
③ KM2 主触头闭合，KM1 主触头断开，电动机反转。
④ 断开 QF1，电动机电源供电断开。
⑤ 主电路的保护：当主电路出现短路时，QF1 自动分断，主电路断开供电电源，电动机停转；当主电路出现负载超载一段时间时，控制电路 FR1 自动分断，控制电路断开，从而保证主电路 KM1 或 KM2 主触点断开，主电路断开，电动机断电停转。

2. 控制电路原理分析（假设先起动正转）

① 按下 SB2，SB2 常闭触点断开，反转控制线路断电。
② SB2 常开触点闭合，KM1 线圈得电，KM1 辅助常开触头闭合，KM1 自锁。
③ KM1 常闭触点断开，互锁 KM2。
④ 按下 SB3，SB3 常闭触点断开，正转控制线路断电。
⑤ SB3 常开触点闭合，KM2 线圈得电，KM2 辅助常开触头闭合，KM2 自锁。
⑥ KM2 常闭触点断开，互锁 KM1。
⑦ 按下 SB1，KM2 线圈断电，KM2 辅助常开触头断开，反转控制线路断开；KM2 辅助常闭触点闭合。
⑧ 控制电路的保护：接触器 KM1、KM2 辅助常闭触点实现互锁，复合按钮 SB2、SB3 实现联锁，正反转控制不能同时接通。

3. 电气线路工作过程

合上 QF1；

正转运行：

SB2↓ → SB2常闭触头断开 → 联锁反转控制线路
      → SB2常开触点闭合 → KM1 线圈得电 → KM1辅助常开触头闭合自锁 → 电动机正转
                                       → KM1 主触头闭合
                                       → KM1辅助常闭触头断开 → 互锁KM2

反转运行：

SB3↓ → SB3常闭触头断开 → 联锁反转控制线路 → KM1 线圈失电 → 电动机正转停止
      → SB3常开触点闭合 → KM2 线圈得电 → KM2辅助常开触头闭合自锁 → 电动机反转
                                       → KM2 主触头闭合
                                       → KM2辅助常闭触头断开 → 互锁KM1

停止：

SB1↓ → KM2 线圈失电 → KM2 辅助常开触点断开 → 电动机停转
                   → KM2 主触点断开

任务实施

1. 实施要求

列出任务计划书，按照电气线路布局、布线的基本原则，在给定的电气线路板上，固定好相应电气元件，完成三相异步电动机双重联锁正反转控制线路的安装、调试、自检，并带电动机通电试车。

2. 设备器材

电工工具1套（取子、剥线钳），实物接线板1块，配电板1块，导线若干，试电笔1支，万用表1块。元件明细表见表4-9。

表 4-9　元件明细表

序号	名称	型号与规格	数量	备注
1	熔断器	RL1-10 10A，配10A熔体	5	
2	交流接触器	CJ20-10 220V	2	
3	热继电器	JR36-20/3(0.4～0.63A)	1	
4	按钮	LA4-2H 500V 5A	3	
5	接线端子排	JD0-1020 10A 20节	2	
6	指示灯	AD16-22DS(AC220V)	2	
7	断路器	NXB-63 （2PX1,3PX1）	1	
8	三相异步电动机	Y-112M4 4kW 三角形接法	1	

3. 实施内容及操作程序

① 绘制安装接线图。

② 选配并检验元器件和工具设备。

a. 按线路图配齐电气设备和元件，并逐个检验其规格和质量，特别注意检查整流器的耐压值、额定电流值是否符合要求。

b. 根据电动机的容量、线路走向及要求和各元件的安装尺寸，正确选配导线的规格、导线通道类型和数量、接线端子板、控制板、紧固件等。

③ 在控制板上固定电气元件和线槽，并在电气元件附近做好与电路图上相同代号的标记。（安装线槽时，应做到横平竖直、排列整齐均匀、安装牢固和便于走线等。）

④ 在控制板上按接线图进行板前线槽配线（按板前线槽配线的工艺要求进行），导线要有端子标号，导线两端要用别径压端子，接线时注意KM1、KM2的端子号，防止接错造成短路。

⑤ 进行控制板外的（外围）元件固定和布线，电源线、电动机线、按钮等接线要通过端子排过渡到控制板，导线要有端子标号，导线两端要用别径压端子。

⑥ 自检

a. 根据电路图检查电路的接线是否正确和接地通道是否具有连续性。

b. 检查热继电器的整定值和熔断器中熔体的规格是否符合要求。

c. 检查电动机及线路的绝缘电阻。

d. 检查电动机的安装是否牢固，与生产机械传动装置的连接是否可靠。

e. 清理安装现场。

⑦ 通电试车（通电试车必须在教师的监护下进行，并严格遵守安全操作规程）

a. 接通电源，点动控制电动机的启动，以检查电动机的转向是否符合要求。

b. 先空载试车，正常后方可接上电动机带载试车。空载试车时，应认真观察各电器元件、线路、电动机的工作是否正常。发现异常，应立即切断电源进行检查，待调查或修复后方可再次通电试车（试车时：要先合上电源开关，后按启动按钮；要先按停止按钮，后断电源开关）。

⑧ 故障检修训练。在通电试车成功的电路上人为地设置故障，（断）通电运行，在表 4-10 中记录故障现象并分析原因、排除故障。

表 4-10 故障检查及排除

故障设置	故障现象	检查方法及排除
按下 SB1 电动机不能停止		
按 SB2 转向不能切换		
KM1 辅助常开触点不闭合		
FU4 断开		

4. 考核评分（表 4-11）

表 4-11 考核评分表

项目内容	评分标准	配分	扣分	得分
装前检查	1. 电动机质量检查，每漏一处扣 3 分 2. 电气元件漏检或错检，每处扣 2 分	15		
安装元件	1. 不按布置图安装，扣 10 分 2. 元件安装不牢固，每只扣 2 分 3. 安装元件时漏装螺钉，每只扣 0.5 分 4. 元件安装不整齐、不匀称、不合理，每只扣 3 分 5. 损坏元件，扣 10 分	15		
布线	1. 不按电路图接线，扣 15 分 2. 布线不符合要求：主电路，每根扣 2 分；控制电路，每根扣 1 分 3. 接点松动、接点露铜过长、压绝缘层、反圈等，每处扣 0.5 分 4. 损伤导线绝缘或线芯，每根扣 0.5 分 5. 漏记线号不清楚、遗漏或误标，每处扣 0.5 分 6. 标记线号不清楚、遗漏或误标，每处扣 0.5 分	30		
通电试车	1. 第一次试车不成功，扣 10 分 2. 第二次试车不成功，扣 20 分 3. 第三次试车不成功，扣 30 分	40		
安全文明生产	违反安全、文明生产规程，扣 5~40 分			
定额时间 90min	按每超时 5min 扣 5 分计算			
备注	除定额时间外，各项目的最高扣分不应超过配分数			
开始时间	结束时间		实际时间	

任务小结

本任务讲述了三相异步电动机双重连锁正反转控制的定义、控制电气原理图及工作过程。双重连锁正反转控制，采用复合按钮来实现，电动机由正转到反转无需使电动机停下，可以直接操作反转按钮使电动机反转，通过接触器按钮双重联锁实现正反转不同时接通。

任务四　自动循环切换正反转控制

自动循环切换正反转控制

任务描述

三相异步电动机自动循环切换正反转电气控制电气原理如图 4-14 所示，通过对自动循环切换正反转控制线路原理分析、实际安装接线与调试维修训练，熟练掌握控制线路的工作过程、安装、接线与调试的方法和工艺，初步掌握控制线路的维修方法与步骤。

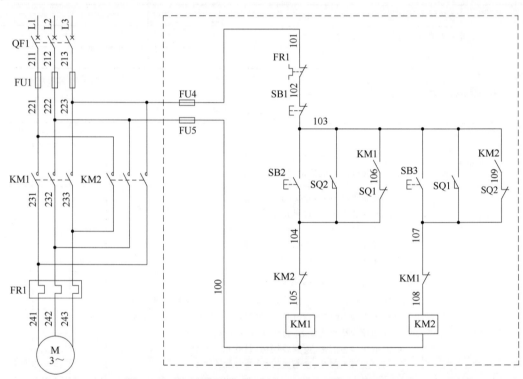

图 4-14　自动循环切换正反转电气控制电气原理图

任务分析

自动循环切换正反转控制采用行程开关限位来实现，SQ1 为正转限位，SQ2 为反转限位。当电动机先启动正转接触到 SQ1 自动循环切换到反转，反之亦然，当电动机反转接触到 SQ2 时电动机自动循环切换到正转，在任意时刻可以停止。

1. 主电路工作原理分析

三相异步电动机自动循环切换正反转控制主电路如图 4-14 所示，其中 SB2、KM1 控制电动机正转，SB3、KM2 控制电动机反转。

① 合上 QF1：主电路电源供电。

② KM1 主触头闭合，KM2 主触头断开，电动机正转。

③ KM2 主触头闭合，KM1 主触头断开，电动机反转。

④ 断开 QF1，电动机电源供电断开。

⑤ 主电路的保护：当主电路出现短路时，QF1 自动分断，主电路断开供电电源，电动机停转；当主电路出现负载超载一段时间时，控制电路 FR1 自动分断，控制电路断开，从而保证主电路 KM1 或 KM2 主触点断开，主电路断开，电动机断电停转。

2. 控制电路原理分析（假设先启动正转）

① 按下 SB2，SB2 常闭触点断开，反转控制线路断电。

② SB2 常开触点闭合，KM1 线圈得电，KM1 辅助常开触头闭合，KM1 自锁。

③ KM1 常闭触点断开，互锁 KM2。

④ 当电动机正转接触到 SQ1 时，SQ1 常闭触点断开，正转控制线路切断，SQ1 的常开触点闭合，KM2 线圈得电，KM2 辅助常开触头闭合，KM2 自锁，电动机反转。

⑤ KM2 常闭触点断开，互锁 KM1。

⑥ 当电动机反转接触到 SQ2 时，SQ2 常闭触点断开，反转控制线路切断，SQ2 的常开触点闭合，KM1 线圈得电，KM1 辅助常开触头闭合，KM1 自锁，电动机正转。

⑦ KM1 常闭触点断开，互锁 KM2。

⑧ 重复④~⑦。

⑨ 按下 SB1，KM2 线圈断电，KM2 辅助常开触头断开，反转控制线路断开；KM2 辅助常闭触点闭合。

⑩ 控制电路的保护：接触器 KM1、KM2 辅助常闭触点实现互锁，复合按钮 SB2、SB3 实现联锁，正反转控制不能同时接通。

3. 电气线路工作过程

合上 QF1；

正转运行：

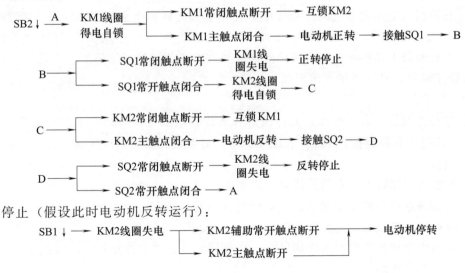

笔记

固定好相应电气元件,完成三相异步电动机自动循环切换正反转控制线路的安装、调试、自检,并带电动机通电试车。

2. 设备器材

电工工具1套(取子、剥线钳),实物接线板1块,配电板1块,导线若干,试电笔1支,万用表1块。元件明细表见表4-12。

表4-12 元件明细表

序号	名称	型号与规格	数量	备注
1	熔断器	RL1-10 10A ,配10A熔体	5	
2	交流接触器	CJ20-10 220V	2	
3	热继电器	JR36-20/3(0.4~0.63A)	1	
4	按钮	LA4-2H 500V 5A	3	
5	接线端子排	JD0-1020 10A 20节	2	
6	指示灯	AD16-22DS(AC220V)	2	
7	断路器	NXB-63(2PX1、3PX1)	1	
8	行程开关	JLXK1-111M	2	
9	三相异步电动机	Y-112M4 4kW 三角形接法	1	

3. 实施内容及操作程序

① 绘制安装接线图。

② 选配并检验元器件和工具设备。

a. 按线路图配齐电气设备和元件,并逐个检验其规格和质量,特别注意检查整流器的耐压值、额定电流值是否符合要求。

b. 根据电动机的容量、线路走向及要求和各元件的安装尺寸,正确选配导线的规格、导线通道类型和数量、接线端子板、控制板、紧固件等。

笔记

③ 在控制板上固定电气元件和线槽,并在电气元件附近做好与电路图上相同代号的标记。(安装线槽时,应做到横平竖直、排列整齐均匀、安装牢固和便于走线等)。

④ 在控制板上按接线图进行板前线槽配线(按板前线槽配线的工艺要求进行),导线要有端子标号,导线两端要用别径压端子,接线时注意KM1、KM2的端子号,防止接错造成短路。

⑤ 进行控制板外的(外围)元件固定和布线,电源线、电动机线、按钮等接线要通过端子排过渡到控制板,导线要有端子标号,导线两端要用别径压端子。

⑥ 自检

a. 根据电路图检查电路的接线是否正确和接地通道是否具有连续性。

b. 检查热继电器的整定值和熔断器中熔体的规格是否符合要求。

c. 检查电动机及线路的绝缘电阻。

d. 检查电动机的安装是否牢固,与生产机械传动装置的连接是否可靠。

e. 清理安装现场。

⑦ 通电试车(通电试车必须在教师的监护下进行,并严格遵守安全操作规程)

a. 接通电源,点动控制电动机的启动,以检查电动机的转向是否符合要求。

b. 先空载试车,正常后方可接上电动机带载试车。空载试车时,应认真观察各电器元件、线路、电动机的工作是否正常。发现异常，应立即切断电源进行检查，待调查或修复后方可再次通电试车（试车时：要先合上电源开关，后按启动按钮；要先按停止按钮，后断电源开关）。

⑧ 故障检修训练。在通电试车成功的电路上人为地设置故障，（断）通电运行，在表 4-13 中记录故障现象并分析原因、排除故障。

表 4-13　故障检查及排除

故障设置	故障现象	检查方法及排除
按 SB3 反转不能连续运行		
正转不能自动换向		
FU2 断开		
KM1 线圈短接		

4. 考核评分（表 4-14）

表 4-14　考核评分表

项目内容	评分标准	配分	扣分	得分
装前检查	1. 电动机质量检查，每漏一处扣 3 分 2. 电气元件漏检或错检，每处扣 2 分	15		
安装元件	1. 不按布置图安装，扣 10 分 2. 元件安装不牢固，每只扣 2 分 3. 安装元件时漏装螺钉，每只扣 0.5 分 4. 元件安装不整齐、不匀称、不合理，每只扣 3 分 5. 损坏元件，扣 10 分	15		
布线	1. 不按电路图接线，扣 15 分 2. 布线不符合要求：主电路，每根扣 2 分；控制电路，每根扣 1 分 3. 接点松动、接点露铜过长、压绝缘层、反圈等，每处扣 0.5 分 4. 损伤导线绝缘或线芯，每根扣 0.5 分 5. 漏记线号不清楚、遗漏或误标，每处扣 0.5 分 6. 标记线号不清楚、遗漏或误标，每处扣 0.5 分	30		
通电试车	1. 第一次试车不成功，扣 10 分 2. 第二次试车不成功，扣 20 分 3. 第三次试车不成功，扣 30 分	40		
安全文明生产	违反安全、文明生产规程，扣 5～40 分			
定额时间 90min	按每超时 5min 扣 5 分计算			
备注	除定额时间外，各项目的最高扣分不应超过配分数			
开始时间	结束时间	实际时间		

任务小结

本任务讲述了三相异步电动机自动循环切换正反转控制的定义、控制线路原理图及工作过程。可以正转启动也可以反转启动，无论先按下正转启动按钮还是反转启动按钮，通过行程开关来实现正反转自动切换，同时增加了行程开关的联锁。

项目总结

本项目分析了三相异步电动机正反转控制的典型电气控制线路,通过三相异步电动机正反转控制线路的实践操作训练,目的是能熟练掌握三相异步电动机正反转控制电气系统装调、维护与检修及电气管理相关知识,注重提升电气安装规范性、质量意识、安全意识等职业精神。

回到图 4-3 所示 MD1 型钢丝绳电动葫芦电气控制线路,该设备采用的是按钮接触器双重互锁点动正反转控制,以升降电动机 M1 为例分析其电气控制工作过程如下:

吊钩上升:

SB1↓ → KM1线圈得电 → KM1辅助常开触点闭合自锁 → 电动机正转 → 吊钩上升
     → 联锁KM2   → KM1辅助常闭触点断开 → 互锁KM2

松开 SB1,吊钩停止上升。

吊钩下降:

SB2↓ → KM2线圈得电 → KM2辅助常开触点闭合自锁 → 电动机反转 → 吊钩下降
     → 联锁KM1   → KM2辅助常闭触点断开 → 互锁KM1

松开 SB2,吊钩停止下降。

思考:图 4-3 所示 MD1 型钢丝绳点动葫芦电气控制线路中行程开关 SQ1、SQ2、SQ3 分别起到什么作用?

项目自检

1. 分析如图 4-15 所示电气控制线路工作过程,指出存在的不足,怎么解决?

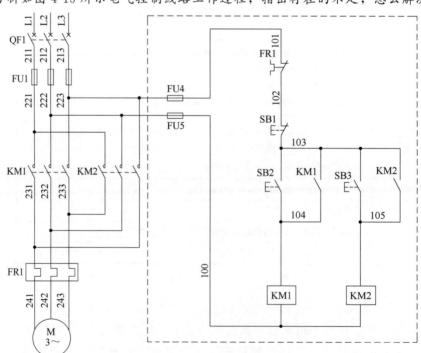

图 4-15　电气控制线路工作过程

2. 在图 4-14 的基础上如何拓展以实现正反转行程限位？

3. 现有一条自动生产线，其控制要求为：按下启动按钮，送料小车开始向右行驶，中途碰上行程开关后停止运行，传送带开始运行并向物料箱内装料，待达到预定的重量时，传送带停止供料，送料小车继续向右行驶，碰上右限位开关后停止向右行驶开始向左行驶，直至碰上左限位开关后送料小车停止。请画出电气控制原理图（主电路、控制电路），要求有必要的电气保护、相应的状态显示。

4. 如图 4-16 所示为小车往返运动、停止控制，其中 SQ2、SQ3 分别为右行和左行控制限位，SQ1 为停止控制，SB 为正转启动，KM1、KM2 分别为电动机正反转（小车右行和左行控制），试描述运动控制过程。

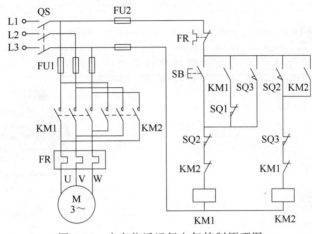

图 4-16　小车往返运行电气控制原理图

项目五

三相异步电动机制动控制

项目引入

交流电动机断开电源以后,由于惯性作用不会马上停止转动,而是需要转动一段时间才能停止,这对某些快速停车或定位停车的生产机械不适宜,例如:起重机的吊钩、万能铣床等。要满足生产机械的这种要求,需要就对电动机进行制动,如图 5-1 所示。本项目旨在解决如何在按下停止按钮后使电动机快速可靠地停止。

图 5-1 起重机吊钩制动示意图

项目目标

知识目标

1. 了解三相异步电动机制动目的及常见方法;
2. 掌握制动控制与其相关的低压电器结构及原理和典型控制电路的原理分析;
3. 理解三相异步电动机能耗制动及反接制动原理。

能力目标

1. 能够正确识读三相异步电动机能耗制动及反接制动控制电气原理图;
2. 能够根据电气原理图及电动机型号选用电气元件及电工器材;
3. 能够进行三相异步电动机制动控制线路的实际安装接线与维修。

素质目标

1. 培养安全操作、规范操作、文明生产的行为;
2. 培养自主学习能力,树立互帮互助的团队协作意识;
3. 提升分析、解决问题的能力。

知识链接

生产机械设备由于存在机械惯性,在断电后不能立即停止运转而达到静止,为了适应生产工艺、提高生产效率,或是考虑到安全等方面的需求,有时要求电动机能够迅速停车且准确定位,这时就需要对电动机进行制动控制。总之,制动器是将机械运动部分的能量释放,从而使运动的机械速度降低或停止的装置。常用的制动方式一般有机械制动(电磁制动)和电气制动两大类。所谓的机械制动是用机械装置产生机械力来强迫电动机迅速停车。电气制动是使电动机的电磁转矩方向与电动机旋转方向相反，起制动作用。电气制动有反接制动、能耗制动、再生制动，以及派生的电容制动等。

速度继电器

一、速度继电器

速度继电器是一种可以按照被控电动机转速的高低接通或断开控制电路的电器。其主要作用是与接触器配合使用实现对电动机的反接制动，故又称为反接制动继电器。

1. 速度继电器型号及含义

以 JFZ0 为例，介绍速度继电器的型号及含义如图 5-2 所示。

2. 速度继电器的结构

JY1 型速度继电器的实物外形如图 5-3 所示。它主要由转子、定子和触头系统三部分组成。转子是一个圆柱形永久磁铁，能绕轴转动，且与被控电动机同轴。定子是一个笼型空心圆环，由硅钢片叠成，并装有笼型绕组。触头系统由两组转换触头组成，分别在转子正转和反转时动作。

图 5-2 速度继电器型号及含义

3. 速度继电器的工作原理

感应式速度继电器的结构原理如图 5-4 所示，当电动机旋转时，速度继电器的转子随之转动，从而在转子和定子之间的气隙中产生旋转磁场，在定子绕组上产生感应电流，该电流在永久磁铁的旋转磁场作用下，产生电磁转矩，使定子随永久磁铁转动的方向偏转。偏转角度与电动机的转速成正比。当定子偏转到一定角度时，带动胶木摆杆推动簧片，使常闭触头断开，常开触头闭合。当电动机转速低于某一值时，定子产生转矩减小，触头在簧片作用下复位。

图 5-3 速度继电器实物外形

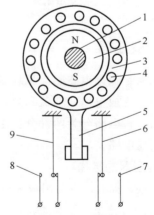

图 5-4 速度继电器结构原理图

1—转轴；2—转子；3—定子；4—绕组；5—摆锤；
6,9—簧片；7,8—静触头

速度继电器有两对常开、常闭触点，分别对应于被控电动机的正、反转运行。一般速度继电器的触头动作转速为 120r/min，触头复位转速在 100r/min 以下。在连续工作时，能可靠地工作在 3000～3600r/min。速度继电器的图形符号及文字符号如图 5-5 所示。

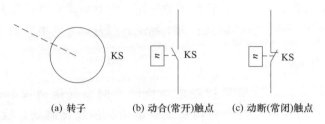

(a) 转子　　　(b) 动合(常开)触点　　(c) 动断(常闭)触点

图 5-5　速度继电器的图形符号及文字符号

二、制动电阻

制动电阻是用于将电动机的再生能量以热能方式消耗的载体，它包括电阻阻值和功率容量两个重要的参数。通常在工程上选用较多的是波纹电阻和铝合金电阻。波纹电阻采用表面立式波纹有利于散热减低寄生电感量，并选用高阻燃无机涂层，有效保护电阻丝不被老化，延长使用寿命；铝合金电阻易紧密安装、易附加散热器，外形美观，高散热性的铝合金外盒全包封结构，具有极强的耐振性、耐气候性和长期稳定性；体积小、功率大，安装方便稳固，外形美观，广泛应用于高度恶劣工业环境。制动电阻外形如图 5-6 所示，其图形符号和文字符号如图 5-7 所示。

图 5-6　制动电阻外形　　　　　　　图 5-7　制动电阻图形符号和文字符号

三、变压器

变压器是根据电磁感应原理制成的一种电气设备。

作用：变换电压、电流和阻抗。

应用：将电路分为两部分：主电路、控制电路。控制电路一般是经变压器降压得到的中低电压电路。

1. 变压器的结构

如图 5-8 所示，主要组成部分是铁芯和绕组。

铁芯：构成变压器的磁路；分为心式和壳式两种。

绕组：变压器的电路部分，分为一次绕组（原绕组/原边）和二次绕组（副绕组/副边）：

一次绕组（原绕组/原边）：与电源连接；

二次绕组（副绕组/副边）：与负载连接。

相互绝缘：一般低压绕组绕在里层，高压在外层。

大容量的变压器一般都配备散热装置。

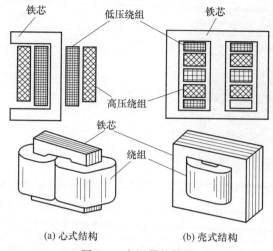

图 5-8 变压器的结构

2. 变压器的工作原理（图 5-9）

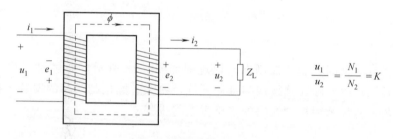

图 5-9 变压器的工作原理

3. 变压器的额定技术指标

① 原边额定电压 U_{1N}：原边绕组应施加的正常电压。
② 原边额定电流 I_{1N}：U_{1N} 作用下原边允许通过电流的限额。
③ 副边额定电压 U_{2N}：原边为 U_{1N} 时，副边的空载电压。
④ 副边额定电流 I_{2N}：原边为 U_{1N} 时，副边绕组允许长期通过的电流限额。
⑤ 额定容量 S_N：变压器输出的额定视在功率。

对单相变压器：

$$S_N = U_{2N} I_{2N} = U_{1N} I_{1N} (\text{V} \cdot \text{A})$$

⑥ 额定频率 f_N：是指电源的工作频率。我国的工业频率为 50Hz。
⑦ 变压器的效率 N：$N = P_{2N}/P_{1N}$

4. 变压器的图形符号及文字符号（图 5-10）

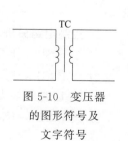

图 5-10 变压器的图形符号及文字符号

四、硅堆

硅堆也叫整流块，就是把几个二极管组成的整流电路一起封装在树脂中，形成的整流电路。硅堆外形如图 5-11 所示，硅堆图形符号及文字符号如图 5-12 所示。

图 5-11 硅堆外形图

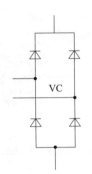

图 5-12 硅堆图形符号及文字符号

三相异步电动机能耗制动控制

项目实施

任务一 三相异步电动机能耗制动控制

任务描述

三相异步电动机能耗制动控制电气原理图如图 5-13 所示，通过对三相异步电动机能耗制动控制线路的实际安装接线与维修训练，熟练掌握控制线路的安装、接线与调试的方法和工艺，初步掌握控制线路的维修方法与步骤。

任务分析

能耗制动是在电动机脱离三相交流电源后，向定子绕组内通入直流电源，建立静止磁场，转子以惯性旋转，转子导体切割定子恒定磁场产生转子感应电动势，从而产生转子感应电流，利用转子感应电流与静止磁场的作用产生制动的电磁转矩，达到制动的目的。在制动过程中，电流、转速和时间三个参量都在变化，可任取一个作为控制信号。

1. 主电路分析

① 合上 QF1，主电路接通供电电源。

② KM1 主触头闭合，电动机运行。

③ KM1 主触头断开，KM2 主触头闭合，直流电源加入电动机定子线圈，电动机制动。

④ 断开 QF1，主电路断开供电电源，电动机停止运行或制动。

⑤ 主电路发生短路时，QF1 自动分断，主电路断开供电电源，电动机停止运行或制动。

2. 控制电路分析

① 按下 SB2，KM1 线圈得电并自锁（常开触头闭合，常闭触头断开），HL1 亮。

② 按下 SB2，KT1 线圈得电，KT1 常开触头瞬间闭合。

③ KM1 常闭触头断开，KM2 线圈禁止通电。

④ 按下 SB1，KM1 线圈断电（常开触头断开，常闭触头闭合），KT1 线圈断电，HL1 灭。

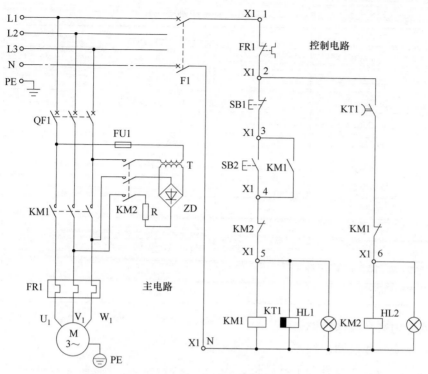

图 5-13 三相异步电动机能耗制动控制电气原理图

⑤ 当电动机 M2 过载时，FR2 常闭触点断开，KM2 线圈断电。
⑥ KM1 常闭触头闭合，KM2 线圈得电（常开触头闭合，常闭触头断开），HL2 亮。
⑦ KM2 常闭触头断开，封锁 SB2，禁止 KM1、KT1 再次通电。
⑧ KT1 常开延时触头断开，KM2 线圈断电，HL2 灭。
⑨ FR1 断开，控制电路断电，控制电路下所有电气元件释放。
⑩ F1 断开，控制电路断电，控制电路下所有电气元件释放。

3. 三相异步电动机能耗制动工作过程

电机正常运行时，KM1 通电自锁并互锁 KM2、KT1 线圈通电，KT1 的延时断开常闭触点闭合。

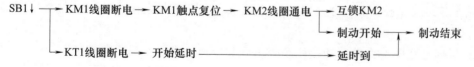

任务实施

1. 实施要求

列出任务计划书，按照电气线路布局、布线的基本原则，在给定的电气线路板上，固定好相应电气元件，完成三相异步电动机能耗制动控制线路的安装、调试、自检，并带电机通电试车。

2. 设备器材

电工工具 1 套，配电板 1 块，导线若干，试电笔 1 支，万用表 1 块。元件明细表见表 5-1。

表 5-1　元件明细表

序号	名称	型号与规格	数量	备注
1	熔断器	RL1-10 10A ,配 10A 熔体	1	
2	交流接触器	CJ20-10 220V	2	
3	热继电器	JR36-20/3(0.4～0.63A)	1	
4	按钮	LA4-2H　500V 5A	1	
5	接线端子排	JD0-1020 10A 20 节	1	
6	控制变压器	JBK2-100 380/110V	1	
7	桥式整流器	KBPC10A 1000V	1	
8	制动电阻	2Ω 50W 外接	1	
9	时间继电器	JS7-2A　220V	1	
10	指示灯	AD16-22DS(AC220V)	2	
11	断路器	NXB-63　(2PX1、3PX1)	2	
12	三相异步电动机	Y-112M4 4kW 三角形接法	1	

3. 实施内容及操作程序

① 绘制安装接线图。

② 选配并检验元器件和工具设备。

a. 按线路图配齐电气设备和元件,并逐个检验其规格和质量。特别注意检查整流器的耐压值、额定电流值是否符合要求。

b. 根据电动机的容量、线路走向及要求和各元件的安装尺寸,正确选配导线的规格、导线通道类型和数量、接线端子板、控制板、紧固件等。

③ 在控制板上固定电气元件和线槽,并在电气元件附近做好与电路图上相同代号的标记。(安装线槽时,应做到横平竖直、排列整齐均匀、安装牢固和便于走线等。)

④ 在控制板上按接线图进行板前线槽配线(按板前线槽配线的工艺要求进行),导线要有端子标号,导线两端要用别径压端子,接线时注意 KM1、KM2 的端子号,防止接错造成短路。

⑤ 进行控制板外的(外围)元件固定和布线,电源线、电动机线、按钮等接线要通过端子排过渡到控制板,导线要有端子标号,导线两端要用别径压端子。

⑥ 自检

a. 根据电路图检查电路的接线是否正确和接地通道是否具有连续性。

b. 检查热继电器的整定值和熔断器中熔体的规格是否符合要求。

c. 检查电动机及线路的绝缘电阻。

d. 检查电动机的安装是否牢固,与生产机械传动装置的连接是否可靠。

e. 清理安装现场。

⑦ 通电试车(通电试车必须在教师的监护下进行,并严格遵守安全操作规程)

a. 接通电源,点动控制电动机的启动,以检查电动机的转向是否符合要求;

b. 先空载试车,正常后方可接上电动机带载试车。空载试车时,应认真观察各电气元件、线路、电动机的工作是否正常。发现异常,应立即切断电源进行检查,待调查或修复后方可再次通电试车(试车时:要先合上电源开关,后按启动按钮;要先按停止按钮，后断电源开关）。

⑧ 故障检修训练。在通电试车成功的电路上人为地设置故障，通电运行，在表 5-2 中记录故障现象并分析原因、排除故障。

表 5-2　故障检查及排除

故障设置	故障现象	检查方法及排除
停止按钮触点接触不良		
接触器 KM1 线圈断路		
常开触点 KT 内部短路		
主电路一相熔断器熔断		

4. 考核评分（表 5-3）

表 5-3　考核评分表

项目内容	评分标准	配分	扣分	得分
装前检查	1. 电动机质量检查，每漏一处扣 3 分 2. 电气元件漏检或错检，每处扣 2 分	15		
安装元件	1. 不按布置图安装，扣 10 分 2. 元件安装不牢固，每只扣 2 分 3. 安装元件时漏装螺钉，每只扣 0.5 分 4. 元件安装不整齐、不匀称、不合理，每只扣 3 分 5. 损坏元件，扣 10 分	15		
布线	1. 不按电路图接线，扣 15 分 2. 布线不符合要求：主电路，每根扣 2 分；控制电路，每根扣 1 分 3. 接点松动、接点露铜过长、压绝缘层、反圈等，每处扣 0.5 分 4. 损伤导线绝缘或线芯，每根扣 0.5 分 5. 漏记线号不清楚、遗漏或误标，每处扣 0.5 分 6. 标记线号不清楚、遗漏或误标，每处扣 0.5 分	30		
通电试车	1. 第一次试车不成功，扣 10 分 2. 第二次试车不成功，扣 20 分 3. 第三次试车不成功，扣 30 分	40		
安全文明生产	违反安全、文明生产规程，扣 5～40 分			
定额时间 90min	按每超时 5min 扣 5 分计算			
备注	除定额时间外，各项目的最高扣分不应超过配分数			
开始时间		结束时间		实际时间	

笔记

任务小结

能耗制动是电动机脱离三相交流电源后，给定子绕组加直流电压，通入直流电流，以产生静止磁场，利用转子感应电流与静止磁场的作用阻止旋转，达到制动的目的。能耗制动实质上是把转子原来存储的机械能转变成电能，又消耗在转子绕组上，故称能耗制动。能耗制动能使电动机准确停车。一般用在惯性较大，需要急降速停车的应用场合，如：电梯、纺织机、造纸机械、离心机、洗衣机、拉丝机、绕线机、比例联动系统、天车等。

任务二 三相异步电动机反接制动控制

三相异步电动机反接制动控制

任务描述

三相异步电动机反接制动控制电气原理图如图 5-14 所示，通过对三相异步电动机反接制动控制线路的实际安装接线与维修训练，熟练掌握控制线路的安装、接线与调试的方法和工艺，初步掌握控制线路的维修方法与步骤。

任务分析

三相异步电动机反接制动是利用改变电动机电源相序，使定子绕组产生的旋转磁场与转子旋转方向相反，因而产生制动力矩的一种制动方法。应注意的是，当电动机转速接近零时，必须立即断开电源，否则电动机会反向旋转。由于反接制动电流较大，制动时需在定子回路中串入电阻以限制制动电流。反接制动电阻的接法有两种：对称电阻接法和不对称电阻接法。

1. 主电路分析

① 合上 QF1，主电路接通供电电源。
② KM1 主触头闭合，电动机运行。
③ KM1 主触头断开，KM2 主触头闭合，电动机反接制动。
④ KM2 主触头断开，电动机停止制动。
⑤ 断开 QF1，主电路断开供电电源，电动机停止运行或制动。
⑥ 主电路发生短路时，QF1 自动分断，主电路断开供电电源，电动机停止运行或制动。

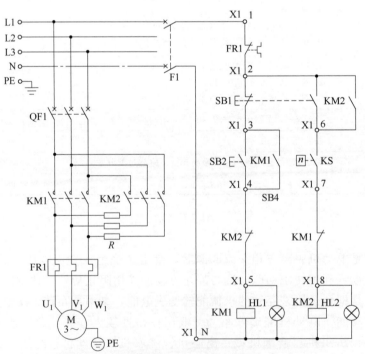

图 5-14 三相异步电动机反接制动控制电气原理图

2. 控制电路分析

① 按下 SB2，KM1 线圈得电并自锁（常开触头闭合，常闭触头断开），HL1 亮。

② KM1 线圈得电，电动机运行转速达 100r/min 以上时，速度继电器 KS 常开触头闭合。

③ 按下 SB1，KM1 线圈断电，KM2 线圈得电（常开触头闭合，常闭触头断开），电动机实施制动。

④ 电动机运行转速达 100r/min 以下时，速度继电器 KS 常开触点断开，KM2 线圈断电。

⑤ FR1 断开，控制电路断电，控制电路下所有电气元件释放。

⑥ F1 断开，控制电路断电，控制电路下所有电气元件释放。

3. 三相异步电动机反接制动工作过程

电动机正常运行时，KM1 通电自锁并互锁 KM2，电动机运行速度 $n > 120 \text{r/min}$，则速度继电器常开触点闭合。

```
SB1↓ ┬→ KM1线圈断电 → KM1触点复位 → 电动机正转停
     │
     └→ KM2线圈通电自锁 → 电动机反转 → 制动开始 → n下降 ─n≤100→ 制动结束
```

任务实施

1. 实施要求

列出任务计划书，按照电气线路布局、布线的基本原则，在给定的电气线路板上，固定好相应电气元件，完成三相异步电动机反接制动控制线路的安装、调试、自检，并带电机通电试车。

2. 设备器材

电工工具 1 套，配电板 1 块，导线若干，试电笔 1 支，万用表 1 块。元件明细表见表 5-4。

表 5-4 元件明细表

序号	名称	型号与规格	数量	备注
1	交流接触器	CJ20-10 220V	2	
2	热继电器	JR36-20/3(0.4～0.63A)	1	
3	按钮	LA4-2H 500V 5A	1	
4	接线端子排	JD0-1020 10A 20 节	1	
5	速度继电器	JY1 型速度继电器	1	
6	指示灯	AD16-22DS(AC220V)	2	
7	断路器	NXB-63 （2PX1、3PX1)	2	
8	三相异步电动机	Y-112M4 4kW 三角形接法	1	

3. 实施内容及操作程序

① 绘制安装接线图。

② 选配并检验元器件和工具设备。

a. 按线路图配齐电气设备和元件，并逐个检验其规格和质量。

b. 根据电动机的容量、线路走向及要求和各元件的安装尺寸，正确选配导线的规格、导线通道类型和数量、接线端子板、控制板、紧固件等。

　　③ 在控制板上固定电气元件和线槽，并在电气元件附近做好与电路图上相同代号的标记。（安装线槽时，应做到横平竖直、排列整齐均匀、安装牢固和便于走线等。）

　　④ 在控制板上按接线图进行板前线槽配线（按板前线槽配线的工艺要求进行），导线要有端子标号，导线两端要用别径压端子，接线时注意 KM1、KM2 的端子号，防止接错造成短路。

　　⑤ 进行控制板外的（外围）元件固定和布线，电源线、电动机线、按钮等接线要通过端子排过渡到控制板，导线要有端子标号，导线两端要用别径压端子。

　　⑥ 自检

　　a. 根据电路图检查电路的接线是否正确和接地通道是否具有连续性。

　　b. 检查热继电器的整定值和熔断器中熔体的规格是否符合要求。

　　c. 检查电动机及线路的绝缘电阻。

　　d. 检查电动机的安装是否牢固，与生产机械传动装置的连接是否可靠。

　　e. 清理安装现场。

　　⑦ 通电试车（通电试车必须在教师的监护下进行，并严格遵守安全操作规程）

　　a. 接通电源，点动控制电动机的启动，以检查电动机的转向是否符合要求。

　　b. 先空载试车，正常后方可接上电动机带载试车。空载试车时，应认真观察各电气元件、线路、电动机的工作是否正常。发现异常，应立即切断电源进行检查，待调查或修复后方可再次通电试车（试车时：要先合上电源开关，后按启动按钮；要先按停止按钮，后断电源开关）。

　　⑧ 故障检修训练。在通电试车成功的电路上人为地设置故障，通电运行，在表5-5中记录故障现象并分析原因、排除故障。

表 5-5　故障检查及排除

故障设置	故障现象	检查方法及排除
启动按钮触点接触不良		
接触器 KM2 线圈断路		
热继电器常闭触点短路		
主电路一相熔断器熔断		

4. 考核评分（表 5-6）

表 5-6　考核评分表

项目内容	评分标准	配分	扣分	得分
装前检查	1. 电动机质量检查，每漏一处扣 3 分 2. 电气元件漏检或错检，每处扣 2 分	15		
安装元件	1. 不按布置图安装，扣 10 分 2. 元件安装不牢固，每只扣 2 分 3. 安装元件时漏装螺钉，每只扣 0.5 分 4. 元件安装不整齐、不匀称、不合理，每只扣 3 分 5. 损坏元件，扣 10 分	15		

续表

项目内容	评分标准	配分	扣分	得分
布线	1. 不按电路图接线,扣 15 分 2. 布线不符合要求:主电路,每根扣 2 分;控制电路,每根扣 1 分 3. 接点松动、接点露铜过长、压绝缘层、反圈等,每处扣 0.5 分 4. 损伤导线绝缘或线芯,每根扣 0.5 分 5. 漏记线号不清楚、遗漏或误标,每处扣 0.5 分 6. 标记线号不清楚、遗漏或误标,每处扣 0.5 分	30		
通电试车	1. 第一次试车不成功,扣 10 分 2. 第二次试车不成功,扣 20 分 3. 第三次试车不成功,扣 30 分	40		
安全文明生产	违反安全、文明生产规程,扣 5～40 分			
定额时间 90min	按每超时 5min 扣 5 分计算			
备注	除定额时间外,各项目的最高扣分不应超过配分数			
开始时间		结束时间		实际时间

任务小结

三相异步电动机反接制动和电动机正、反转控制接近,关键是速度继电器在转速降至 100r/min 以下时,停止给电动机反向供电,制动结束。反接制动一般适用于制动要求迅速、系统惯性较大、不经常启动与制动的场合,如铣床等主轴的制动。

项目总结

三相异步电动机制动方式主要有机械制动、能耗制动、反接制动等。其中机械制动多用于起重运输机械、建筑航吊等设备,它们可以克服因重力势能而产生对电动机的倒拖现象。而能耗制动和反接制动通常用于不产生重力势能的机械设备的快速停车。

项目自检

1. 三相异步电动机为什么要制动?
2. 三相异步电动机制动的主要方式有哪些?
3. 三相异步电动机能耗制动时为什么在定子线圈中串入电阻?
4. 简述速度继电器的工作原理。
5. 图 5-13 给出了三相异步电动机基于时间原则的能耗制动和图 5-14 给出了三相异步电动机基于速度原则的反接制动,试分别画出基于速度原则的能耗制动和基于时间原则的反接制动,并思考基于时间原则的反接制动特别要注意什么。

项目六 三相异步电动机速度控制

项目引入

📌 项目引入

生产制造机械设备、工程机械装备为了满足工作过程的需要,对机械设备常有多种速度输出需求。三相异步电动机可通过机械调速、变极调速、变频调速等方式改变速度。当速度要求不是很精确时,通常使用变极调速。三相异步电动机常用的变极调速有△/YY方式,本项目利用双电机实现三相异步电动机的调速。

💡 项目目标

知识目标

1. 了解异步电动机变极调速的控制方法;
2. 理解异步电动机变极调速控制原理;
3. 掌握调速控制与其相关的低压电器结构及原理和典型控制电路的原理分析。

能力目标

1. 能够正确识读异步电动机能耗制动机调速控制的电气原理图;
2. 能够根据电气原理图及电动机型号选用电气元件及电工器材;
3. 能够进行异步电动机调速控制线路的实际安装、接线与维修。

素质目标

1. 强化安全操作、规矩意识;
2. 强化精益求精的工匠精神;
3. 培养自主学习能力,树立互帮互助的团队合作意识。

📋 知识链接

一、双速三相异步电动机

1. 三相异步电动机磁极对数的概念

三相异步电动机定子绕组通常由一套线圈(三相为3组线圈)组成,在定子空间产生(N极、S极)旋转磁场,其磁极对数为 $p=1$。当定子空间放有多套线圈时,就构成了多磁极对数的旋转磁场,如 $p=2$,$p=4$,$p=6$,$p=8$ 等,磁极对数永远为偶数。

三相异步电动机的转速公式为

$$n=60(1-s)\frac{f}{p} \tag{6-1}$$

式中，n 为三相异步电动机的转速，r/min；f 为工频电源的频率，Hz；s 为转差率；p 为磁极对数。

由式（6-1）可知，三相异步电动机的转速与工频电源的频率、电动机的转差率、电动机的磁极对数有关。因此，改变三相异步电动机的磁极对数就可以改变电动机的转速。

改变三相异步电动机的磁极对数只能在倍数关系下进行，而且比例关系为整数。例如，2 极和 4 极、6 极、8 极之间可以变换，4 极和 8 极之间可以变换，而 4 极和 6 极之间不能变换。

改变三相异步电动机的磁极对数时，主电路的相序应进行改变，否则电动机会反转运行。这主要是由于磁极对数的改变使得电动机三相绕组在定子空间的电角度也发生了改变，如图 6-1 所示。

双速三相异步电动机

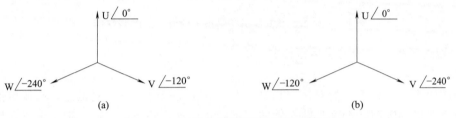

图 6-1 三相异步电动机定子绕组相序图

图 6-1（a）为三相异步电动机 2 极时矢量图，U、V、W 三相之间空间电角度分别为 0°、−120°、−240°。图 6-1（b）为三相异步电动机 4 极时矢量图，U、V、W 三相之间空间电角度分别为 0°、−240°、−120°（W 相位−480°，去掉 360°后为−120°），因此，三相异步电动机 2 极和 4 极在相序上 V 相和 W 相进行了交换。

2. 双速三相异步电动机联结方式

（1）双速三相异步电动机定子绕组△/YY 联结方式

图 6-2（a）所示为定子绕组整体接成了三角形（4 极），L_1、L_2、L_3 分别向 U_1、V_1、W_1 供电，电动机慢速运行。图 6-2（b）所示为定子绕组每相对折后连接成了双星形（2 极），L_1、L_2、L_3 分别向 U_2、W_2、V_2 供电（换向），电动机快速运行，这种调速方式适合于恒功率负载。

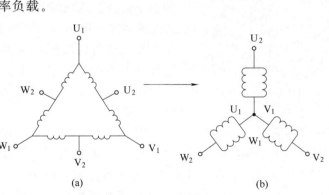

图 6-2 双速三相异步电动机定子绕组△/YY 接线图

（2）双速三相异步电动机定子绕组 Y/YY 联结方式

图 6-3（a）所示为定子绕组整体接成了星形（4 极），L_1、L_2、L_3 分别向 U_1、

V_1、W_1 供电，电动机慢速运行。图 6-3（b）所示为定子绕组每相对折后连接成了双星形（2 极），L_1、L_2、L_3 分别向 U_2、W_2、V_2 供电（换向），电动机快速运行，这种调速方式适合于恒转矩负载。

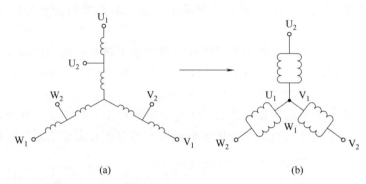

图 6-3 双速三相异步电动机定子绕组 Y/YY 接线图

3. 双速三相异步电动机运行控制方案

（1）自由控制

功率较小、负载不大的双速三相异步电动机在运行时，通常对低速、高速启停和运行没有太严格的限制，即在低速、高速下可随意启动、停止电动机，但主电路在换速过程中需进行换向。

（2）低速启动控制

功率较大、负载也较大的双速三相异步电动机通常采用低速启动控制，即电动机只能在低速下启动，停止不限制，但主电路在换速过程中需进行换向。

（3）低速启停控制

功率较大、负载较大且对机械设备有冲击的双速三相异步电动机通常采用低速启停控制，即电动机只能在低速下启动、低速下停止，但主电路在换速过程中需进行换向。

二、万能转换开关

万能转换开关是一种多挡式、控制多回路的主令电器。万能转换开关主要用于各种控制线路的转换，电压表、电流表的换相测量控制，配电装置线路的转换和遥控等。万能转换开关还可以用于直接控制小容量电动机的启动、调速和换向。如图 6-4 所示为万能转换开关单层的结构示意图。

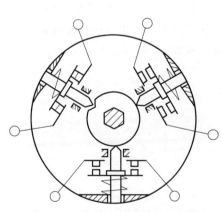

图 6-4 万能转换开关结构示意图

常用产品有 LW5 和 LW6 系列。LW5 系列可控制 5.5kW 及以下的小容量电动机；LW6 系列只能控制 2.2kW 及以下的小容量电动机。用于可逆运行控制时，只有在电动机停车后才允许反向启动。LW5 系列万能转换开关按手柄的操作方式可分为自复式和自定位式两种。所谓自复式是指用手拨动手柄于某一挡位时，手松开后，手柄自动返回原位；定位式则是指手柄被置于某挡位时，不能自动返回原位而停在该挡位。

万能转换开关的手柄操作位置是以角度表示的。不同型号的万能转换开关的手柄有不同万能转换开关的触点，电路图中的图形符号如图 6-5 所示。但由于其触点的分合状态与操作手柄的位置有关，所以，除在电路图中画出触点图形符号外，还应画出操作手柄与触点分合状态的关系。图中当万能转换开关打向左 45°时，触点 1-2、3-4、5-6 闭合，触点 7-8 打开；打向 0°时，只有触点 5-6 闭合，右 45°时，触点 7-8 闭合，其余打开，如图 6-6 所示为万能转换开关的实物外形图。

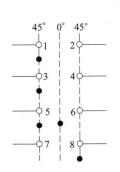

LW5 -15D0403/2			
触头编号	45°	0°	45°
⌇	1-2	×	
⌇	3-4	×	
⌇	5-6	×	×
⌇	7-8		×

(a) 图形符号　　　　　(b) 点闭合表

图 6-5　万能转换开关的图形符号

图 6-6　万能转换开关的实物外形图

接近开关

三、接近开关

接近开关是一种无触头输出的电子开关器件，主要用来进行信号检测以实现行程控制和限位控制。常用的接近开关有电感式接近开关、电容式接近开关、磁感应式接近开关、液位开关、超声波开关、光电开关等。它们在继电逻辑控制、PLC 控制、工业现场过程控制中得到了广泛的应用。

接近开关的结构是在其内部嵌入了一块电子线路板和必要的电子器件，然后用环氧树脂进行灌装，最后通过引线将其连接。

接近开关分为传感接收、信号处理、驱动输出三部分，形状有圆形、方形、槽形等。它的参数为电压 DC 0～30V，接近距离 0～50mm，输出形式有 NPN 型、PNP 型，输出电流一般为 100～500mA。接线方式有两线式（棕"＋"、蓝"－"）、三线式（棕"＋"、蓝"－"、黑或白）、四线式（棕"＋"、蓝"－"、黑、白）。

1. 电感式接近开关

电感式接近开关在其内部有一套高频振荡器，振荡器由缠绕在铁氧体磁芯上的线圈和电子器件构成 LC 振荡电路，振荡器通过传感器的感应面在其前方产生一个高频交变磁场，如图 6-7 所示。

当外界金属性导体靠近感应面时，金属在磁场作用下在其内部产生涡流效应，从而导致 LC 振荡电路的振荡减弱、振幅减小，这一现象称为阻尼现象。这一变化即被传感器的信号处理电路所识别，经过整形、放大处理后提供一个开关输出信号。电感式接近开关的外形如图 6-8 所示。

电感式接近开关主要应用在钣金生产线、模具设备、数控加工中心、自动生产装配线等设备中实现限位控制。检测介质是金属，检测距离最大可达 50mm。

电感式接近开关一般在其尾部有一个发光二极管作为信号指示，当有金属接近时，发光二极管亮，金属离开时，发光二极管灭。

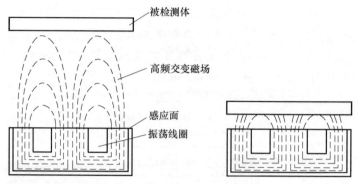

图 6-7 电感式接近开关工作原理

图 6-8 电感式接近开关的外形

2. 电容式接近开关

电容式接近开关的感应面由两个同轴金属电极构成,很像"打开的"电容器电极板。电极 A 和电极 B 之间即为介质,因为每种物质的介电常数不同,有物体接近时等效电容会发生改变,如图 6-9 所示。

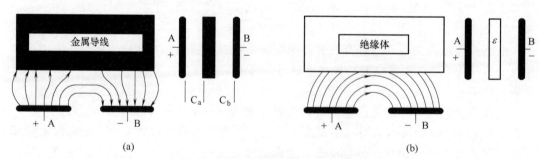

图 6-9 电容式接近开关的工作原理

电容式接近开关的工作原理是,当金属靠近时,由于电磁感应原理,在金属的表面会积累电量,使得等效电容变成两组电容的串联,电容值发生改变;当非金属靠近时,等于改变了电容中的介电常数,等效电容值也会发生改变。电容式接近开关的外形如图 6-10 所示。

电容式接近开关常被用来对一些液体的液位、物料的料位进行检测，也可以在自动生产线上使用，还可以在灌装、纺织、造纸等领域进行测量。它主要用来检测非金属（也可检测金属），形状多种，检测距离最大可达 50mm。

3. 电磁感应式接近开关

磁感应式接近开关一般用在气动、液压系统中的气缸和液压缸上。

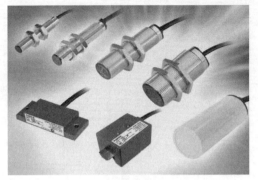

图 6-10 电容式接近开关的外形

磁感应式接近开关选用的是磁感应元件，当有磁场接近时，磁感应元件就会发出信号，通过后续电路的处理而输出信号。在气缸或液压缸的活塞环内装有永久磁铁，而缸体是金属且能导磁。使用时，将磁感应式接近开关安装在缸体的外壁滑道上，当活塞运动而靠近磁感应式接近开关时，磁感应式接近开关发出信号，以此来测定活塞的位置。磁感应式接近开关的外形如图 6-11 所示。

磁感应式接近开关通常由磁感元件或霍尔元件组成，它们均是磁的敏感元件，由于是半导体元件，所以其寿命极长。

4. 超声波开关

人们把频率超过 16kHz 的声音定义为超声波，相对于声波中的低频波。超声波可在空气中传播，根据这一原理制造出超声波开关。超声波开关的外形如图 6-12 所示。

图 6-11 电磁感应式接近开关的外形

图 6-12 超声波开关的外形

超声波开关利用压电陶瓷做成换能器产生声波，超声波在传播过程中遇到物体阻挡后会发生反射。而超声波开关中既有发射极又有接收极，反射波被接收极接收，这样超声波开关利用对反射波的检测来判断前方是否有物体遮挡，以此达到信号检测目的。

5. 光电开关

光电开关利用红外光进行工作，它分为直接反射式、反射板式、光纤穿透式、会焦式、对射式、光纤反射板式等。

光电开关一般由一个发射器和一个接收器组成，发射器发出红外光，它不受其他光线的干扰。在光的传播过程中，当没有物体遮挡时，发射器发出的光信号就会被接收器所接收；而当有物体遮挡时，接收器接收不到光信号。两种不同的状态就会被系统所识别，从而发出不同的电信号，如图 6-13 所示。

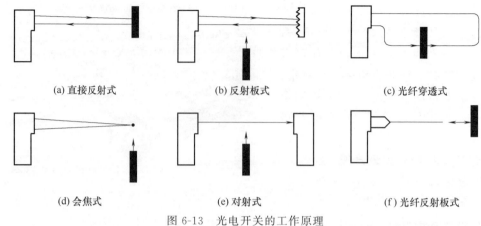

图 6-13 光电开关的工作原理

光电开关有"暗通"和"暗亮"两种类型。"暗通"是指接收器没有接收到光信号时，输出信号为"ON"；而"暗亮"是指接收器接收到光电信号时，输出信号为"OFF"。光电开关的外形如图 6-14 所示。

△-YY 型双速电动机控制

图 6-14 光电开关的外形

项目实施

任务　△-YY 型双速电动机控制

任务描述

△-YY 型双速电动机控制线路电气原理图如图 6-15 所示，通过对△-YY 型双速电动机控制线路的实际安装接线与维修训练，熟练掌握控制线路的安装、接线与调试的方法和工艺，初步掌握控制线路的维修方法与步骤。

任务分析

图 6-15 用了 3 个接触器控制电动机定子绕组的连接方式。当接触器 KM1 的主触点闭合，KM2、KM3 的主触点断开时，电动机定子绕组为三角形接法，对应低速挡；当 KM1 的主触点断开，KM2、KM3 的主触点闭合时，电动机定子绕组为双星形接法，

对应高速挡。为了避免高速挡启动电流对电网的冲击，本线路在高速挡时，先以低速启动，待启动电流过去后，再自动切换到高速运行。

SA 是具有三个挡位的转换开关。当扳到中间位置时，为"停止"位，电动机不工作；当扳到"低速"挡位时，KM1 线圈得电动作，其主触点闭合，电动机定子绕组的三个出线端 U1、V1、W1 与电源相接，定子绕组接成三角形，低速运转；当扳到"高速"挡位时，时间继电器 KT 线圈先得电动作，其瞬动常开触点闭合，KM1 线圈得电动作，电动机定子绕组接成三角形低速启动。经过延时，KT 延时断开的常闭触点断开，KM1 线圈断电释放，KT 延时闭合的常开触点闭合，KM2 线圈得电动作。紧接着，KM3 线圈也得电动作，电动机定子绕组被 KM2、KM3 的主触点换接成双星形，以高速运行。

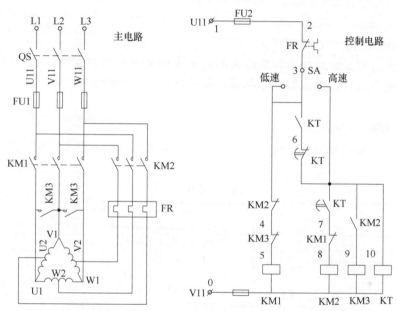

图 6-15 时间原则的双速电动机控制线路

1. 主电路工作原理分析

① 合上 QS，主电路接通供电电源。
② KM1 主触头闭合，电动机慢速运行。
③ KM1 主触头断开，KM2、KM3 主触头闭合，电动机快速运行。
④ 断开 QS，主电路断开供电电源，电动机停止运行。

2. 控制电路工作原理分析

① 扳动 SA 到"低速"挡位时，KM1 线圈得电。
② KM1 常闭触头断开，KM2 线圈禁止通电。
③ 扳动 SA 到"高速"挡位时，KT 线圈得电，开始延时，其瞬动常开触点闭合，KM1 线圈得电动作，电动机定子绕组接成三角形低速启动。
④ 经过延时，KT 延时断开的常闭触点断开，KM1 线圈断电释放，KT 延时闭合的常开触点闭合，KM2 线圈得电动作。
⑤ 紧接着，KM3 线圈也得电动作，电动机定子绕组被 KM2、KM3 的主触点换接成双星形，以高速运行。
⑥ FR 断开，控制电路断电，控制电路下所有电气元件释放。

⑦ 扳动 SA 到"停止"挡位时，控制电路断电，控制电路下所有电气元件释放。

3. 双速电动机控制工作过程

低速运行：

SA拨到低速 → KM1线圈通电 → 定子线圈接为△ → 电动机低速运行

高速运行：

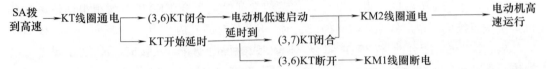

任务实施

1. 实施要求

列出任务计划书，按照电气线路布局、布线的基本原则，在给定的电气线路板上，固定好相应电气元件，完成时间原则双速电动机控制线路的安装、调试、自检，并带电动机通电试车。

2. 设备器材

电工工具 1 套，配电板 1 块，导线若干，试电笔 1 支，万用表 1 块。元件明细表见表 6-1。

表 6-1 元件明细表

序号	名称	型号与规格	数量	备注
1	主电路熔断器	RL1-60-25 60A，配 25A 熔体	3	
2	控制电路熔断器	RL1-15-4 15A，配 4A 熔体	2	
3	交流接触器	CJ20-10 380V	3	
4	热继电器	JR36-20/3(0.4~0.63A)	1	
5	转换开关	NKZ1-20	1	
6	接线端子排	JD0-1020 10A 20 节	1	
7	时间继电器	JS7-2A 380V	1	
8	断路器	NXB-63 （2PX1、3PX1）	2	
9	双速电机	Y-112M4 4kW 三角形接法	1	

3. 实施内容及操作程序

① 绘制安装接线图。

② 选配并检验元器件和工具设备。

a. 按线路图配齐电气设备和元件，并逐个检验其规格和质量。特别注意用万用表检查时间继电器，找出瞬动触点和延时触点，将时间继电器的延时时间调整到 15s 以及检查整流器的耐压值、额定电流值是否符合要求。

b. 根据电动机的容量、线路走向及要求和各元件的安装尺寸，正确选配导线的规格、导线通道类型和数量、接线端子板、控制板、紧固件等。

③ 在控制板上固定电气元件和线槽，并在电气元件附近做好与电路图上相同代号的标记。（安装线槽时，应做到横平竖直、排列整齐均匀、安装牢固和便于走线等。）

④ 在控制板上按接线图进行板前线槽配线（按板前线槽配线的工艺要求进行），导线要有端子标号，导线两端要用别径压端子，接线时注意 KM1、KM2、KM3 的端子号，防止接错造成短路。

⑤ 进行控制板外的（外围）元件固定和布线，电源线、电动机线、按钮等接线要通过端子排过渡到控制板，导线要有端子标号，导线两端要用别径压端子。

⑥ 自检

a. 根据电路图检查电路的接线是否正确和接地通道是否具有连续性。

b. 检查热继电器的整定值和熔断器中熔体的规格以及时间调整是否符合要求。

c. 检查电动机及线路的绝缘电阻。

d. 检查电动机的安装是否牢固，与生产机械传动装置的连接是否可靠。

e. 清理安装现场。

⑦ 通电试车（通电试车必须在教师的监护下进行，并严格遵守安全操作规程）

a. 接通电源，点动控制电动机的启动，以检查电动机的转向是否符合要求。

b. 先空载试车，正常后方可接上电动机带载试车。空载试车时，应认真观察各电器元件、线路、电动机的工作是否正常。发现异常，应立即切断电源进行检查，待调查或修复后方可再次通电试车（试车时：要先合上电源开关，后按启动按钮；要先按停止按钮，后断电源开关）。

⑧ 故障检修训练。在通电试车成功的电路上人为地设置故障，通电运行，在表 6-2 中记录故障现象并分析原因、排除故障。

表 6-2　故障检查及排除

故障设置	故障现象	检查方法及排除
时间继电器瞬动触点接触不良		
时间继电器的延时调整为零		
KM2 某相触点接触不良		

⑨ 考核评分（表 6-3）

表 6-3　考核评分表

项目内容	评分标准	配分	扣分	得分
装前检查	1. 电动机质量检查，每漏一处扣 3 分 2. 电气元件漏检或错检，每处扣 2 分	15		
安装元件	1. 不按布置图安装，扣 10 分 2. 元件安装不牢固，每只扣 2 分 3. 安装元件时漏装螺钉，每只扣 0.5 分 4. 元件安装不整齐、不匀称、不合理，每只扣 3 分 5. 损坏元件，扣 10 分	15		
布线	1. 不按电路图接线，扣 15 分 2. 布线不符合要求：主电路，每根扣 2 分；控制电路，每根扣 1 分 3. 接点松动、接点露铜过长、压绝缘层、反圈等，每处扣 0.5 分 4. 损伤导线绝缘或线芯，每根扣 0.5 分 5. 漏记线号不清楚、遗漏或误标，每处扣 0.5 分 6. 标记线号不清楚、遗漏或误标，每处扣 0.5 分	30		
通电试车	1. 第一次试车不成功，扣 10 分 2. 第二次试车不成功，扣 20 分 3. 第三次试车不成功，扣 30 分	40		
安全文明生产	违反安全、文明生产规程，扣 5～40 分			
定额时间 90min	按每超时 5min 扣 5 分计算			
备注	除定额时间外，各项目的最高扣分不应超过配分数			
开始时间		结束时间		实际时间

任务小结

本任务讲述了对三相异步电动机变极调速的概念、双速电机控制原理、控制过程分析，双速电机适用的场合为需要两挡调速，两挡速度与双速电机两挡速度相当的场合，如冷却塔冷却风机，天热时高速，凉快一些低速，天冷可以停开以节能。

项目总结

改变定子绕组的磁极对数（变极）是常用的一种调速方法，采用三相双速异步电动机就是变极调速的一种形式。定子绕组接成三角形（△）时，电动机磁极对数为4，同步转速为1500r/min；定子绕组接成双星形（YY）时，电动机磁极对数为2，同步转速为3000r/min。

项目自检

1. 双速三相异步电动机控制为什么快速时需要用两个接触器？
2. 双速三相异步电动机运行控制时采取低速启停的原因有哪些？
3. 为什么光纤式光电开关可以实现异地的信号检测？
4. 有一双速电动机运行电气控制线路如图6-16所示，列出元器件功能表，分析电气控制线路工作过程。

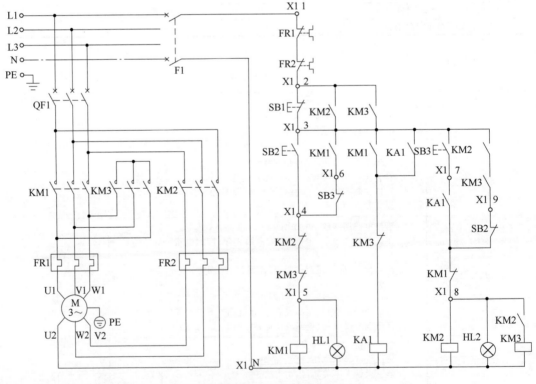

图6-16 双速电动机运行电气控制线路（一）

5. 如图6-17所示为某设备双速电动机运行电气控制线路，带动执行机构自动往复运动。启动和换向时双速电机低速运行，中间实现变速。图中SQP6和SQP7为非接触式转换开关，试画出执行结构动作示意图和分析电气控制过程。

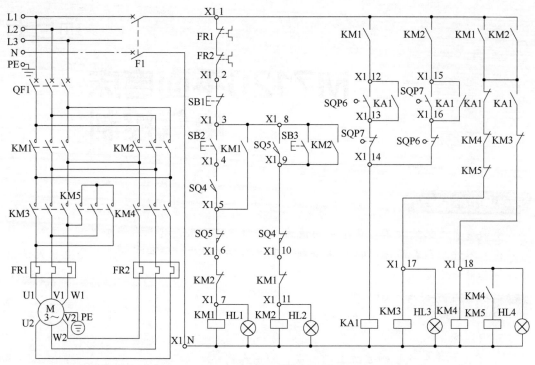

图 6-17　双速电动机运行电气控制线路（二）

项目七

M7120 平面磨床电气控制

项目引入

平面磨床是机械加工行业中应用最为广泛的一种机床,其基本原理是利用高速旋转的砂轮对零件平面表面进行精加工磨削。某工厂一台 M7120 平面磨床砂轮电机无法启动,该怎样检修呢?

项目目标

知识目标

1. 掌握机床电气控制系统图的组成,绘制原则;
2. 掌握 M7120 用相关低压电器(欠压 KV,电磁吸盘等)结构原理;
3. 掌握 M7120 电气控制线路原理;
4. 掌握 M7120 的电气控制电路常见故障检修方法。

能力目标

1. 能绘制简单电气设备的电气原理图;
2. 能合理选择相关低压电器(欠压 KV 等)及相关元件(欠压 KV,FR 等)整定;
3. 能识读 M7120 的电气控制系统原理图;分析其控制功能;
4. 能进行 M7120 的电气控制电路常见故障检修。

素质目标

1. 强化规矩意识、"6S"素养、零缺陷无差错职业素养;
2. 强化人际交流艺术、团队协作精神;
3. 提升自主分析问题解决问题的能力,培养创新意识。

笔记

知识链接

一、电磁吸盘

电磁吸盘是用来固定加工工件的一种夹具。它与机械夹具比较,具有夹紧迅速、操作快速简便、不损伤工件、一次能吸牢多个小工件,以及磨削中工件发热可自由伸缩、不会变形等优点。不足之处是只能吸住铁磁材料的工件,不能吸牢非磁性材料(如铝、铜)的工件。

电磁吸盘原理图如图 7-1 所示,其外形图如图 7-2 所示。

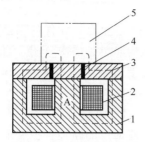
图 7-1 电磁吸盘原理图

图 7-2 电磁吸盘外形图

1—吸盘体；2—线圈；3—盖板；4—隔磁层；5—工件

电磁吸盘线圈通以直流电，使芯体被磁化，将工件牢牢吸住，其工作原理如图 7-1 所示。图中 1 为钢制吸盘体，在它的中部凸起的芯体 A 上绕有线圈 2，钢制盖板 3 被隔磁层 4 隔开。在线圈 2 中通入直流电流，芯体磁化。磁通由中盖板、工件、盖板、吸盘体、芯体 A 形成闭合回路，将工件 5 牢牢吸住。盖板中的隔层由铅、钢、黄铜及巴氏合金等非磁性材料制成，其作用是使磁力都通过工件再回到吸盘体。不致直接通过盖板闭合，以增强对工件的吸持力。

二、单相桥式全波整流器 VC

桥式全波整流电路的工作是把交流电变成直流电，其原理如图 7-3 所示。

① 交流输入电压正半周时，VD_1、VD_3 导通（VD_2、VD_4 截止），形成的电流自上而下流过负载 R_L。

② 交流输入电压负半周时，如图所示，VD_2、VD_4 导通（VD_1、VD_3 截止），形成的电流自上而下流过负载 R_L。

三、欠电压继电器

电路正常工作时，线圈电压达到或大于线圈额定值时，欠电压继电器吸合，当线圈电压低于线圈额定电压时，欠电压继电器释放，对电路实现欠电压保护，欠电压继电器有交流欠电压继电器和直流欠电压继电器之分。

欠电压继电器的图形符号如图 7-4 所示。

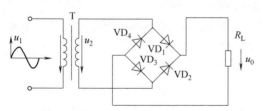
图 7-3 单相桥式全波整流器 VC 原理图

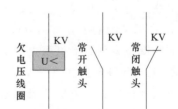
图 7-4 欠电压继电器的图形符号

四、机床电气控制系统图

机床电气控制系统图主要包括电气原理图、电气元件布置图和电气接线图。在电气控制系统中，为了表达系统的设计意图，准确地分析、安装、调试和检修，都离不开电气控制系统图。熟练绘制与识读电气控制系统图是维修电工的一项基本技能。

1. 电气原理图

用国家规定的标准图形符号和项目代号来表示电路中各个电气元件的连接关系及电气工作原理的工程图样称为电气原理图。电气原理图结构简单、层次分明，适用于研究和分析电路工作原理并可为寻找故障提供帮助，同时也是编制电气安装接线图的依据。电气原理图的绘制方法如下：

机床电气控制系统图

① 原理图一般分为电源电路、主电路、控制电路、信号电路及照明电路。

主电路是设备的驱动电路，是从电源到电动机大电流通过的路径；控制电路是由接触器和继电器线圈、各种电器的触点组成的逻辑电路，实现所要求的控制功能。

电源电路画成水平线，三相交流电源相序 L1、L2、L3 由上而下依次排列画出，中性线 N 和保护线 PE 画在相线之下。直流电源则按照正极在上、负极在下画出。电源开关要水平画出。主电路要垂直电源电路画在原理图的左侧。控制电路、信号电路、照明电路要跨接在两相电源线之间，依次垂直画在主电路的右侧，电路中的耗能元件（如接触器和继电器的线圈、信号灯、照明灯等）要画在电路的下方，而电器的触点画在上方。

② 电气原理图中的电气元件是按未通电和没有受外力作用时的状态绘制。

在不同的工作阶段，各个电器的动作不同，触点时闭时开。而在电气原理图中只能表示出一种情况。因此，规定所有电器的触点均表示在原始情况下的位置，即在没有通电或没有发生机械动作时的位置。对接触器来说，是线圈未通电，触点未动作时的位置；对按钮来说，是手指未按下按钮时触点的位置；对热继电器来说，是常闭触点在未发生过载动作时的位置，等等。

③ 触点的绘制位置。使触点动作的外力方向必须是：当图形垂直放置时为从左到右，即垂线左侧的触点为常开触点，垂线右侧的触点为常闭触点；当图形水平放置时为从下到上，即水平线上方的触点为常开触点，水平线下方的触点为常闭触点。即"左开右闭，下开上闭"。

④ 原理图中，同一电器各元件不按它们的实际位置画在一起，而是按其在电路中所起作用分画在不同的电路中，但它们的动作却是相互关联的，必须标以相同的文字符号。若图中相同的电器较多时，需要在电器文字符号后面加上数字以示区别，如 KM1、KM2 等。

⑤ 图中自左而右或自上而下表示操作顺序，并尽可能减少线条和避免线条交叉。

⑥ 图中有直接电联系的交叉导线的连接点（即导线交叉处）要用黑圆点表示。无直接电联系的交叉导线，交叉处不能画黑圆点。

⑦ 在原理图的上方将图分成若干图区，并标明该区电路的用途与作用；在继电器、接触器线圈下方列有触点表，以说明线圈和触点的从属关系。

2. 电气元件布置图

电气元件布置图主要是表明电气设备上所有电气元件的实际位置，为电气设备的安装及维修提供必要的资料。电气元件布置图可根据电气设备的复杂程度集中绘制或分别绘制。图中不需标注尺寸，但是各电器代号应与有关图纸和电器清单上所有的元器件代号相同，在图中往往留有 10% 以上的备用面积及导线管（槽）的位置，以供改进设计时用。电气元件布置图的绘制原则：

① 绘制电气元件布置图时，机床的轮廓线用细实线或点划线表示，电气元件均用粗实线绘制出简单的外形轮廓。

② 绘制电气元件布置图时，电动机要和被拖动的机械装置画在一起；行程开关应

画在获取信息的地方；操作手柄应画在便于操作的地方。

③ 绘制电气元件布置图时，各电气元件之间，上、下、左、右应保持一定的间距，并且应考虑器件的发热和散热因素，应便于布线、接线和检修。

3. 电气原理图的识读方法

① 主电路的识读步骤。第一步看主电路中消耗电能的电器或电气设备，如电动机、电热器等；第二步搞清楚用什么电气元件控制用电器，如开关、接触器、继电器等；第三步看主电路上还接有哪些保护电器，如熔断器、热继电器等；第四步看电源，了解电源的电压等级。

② 控制电路的识读步骤。第一步看电源，首先看清电源的种类，其次看清控制电路的电源是从何处来；第二步搞清控制电路如何控制主电路，控制电路的每一分支路形成闭合则会控制主电路的电气元件动作，使主电路用电器接入或切除电源（寻找怎样使回路形成闭合是十分关键的）；第三步寻找电气元件之间的相互联系；第四步再看其他电气元件构成的电路，如整流、照明等。

4. 电气接线图

电气接线图是一种用来表明电气设备各元件相对位置及接线方法的工程图样。它主要用于安装接线、电路检查和故障维修，特别在施工和检修中能够起到电气原理图所起不到的作用。

电气接线图的绘制原则如下：

① 接线图通常需要与原理图一起使用，相互参照。

② 应正确表示电气元件的相互连接关系及接线要求。

③ 控制电路的外部连接应使用接线端子排。

④ 应给出连接外部电气装置所用的导线、保护管和屏蔽方法，并注明所用导线及保护管的型号、规格及尺寸。

⑤ 图中文字代号及接线端子编号应与原理图相一致。

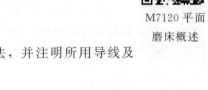

M7120 平面磨床概述

五、M7120 平面磨床基本结构和控制要求

1. M7120 平面磨床机械结构

磨床是以砂轮周边或端面对工件进行机械加工的精密机床，它不仅能加工普通的金属材料，而且能加工淬火钢或硬质合金等高硬度材料，其特点是加工精度高，光洁度高，适用范围十分广泛。图 7-5 为 M7120 平面磨床机械结构示意图。

2. M7120 平面磨床运动形式

① 主运动：砂轮的旋转运动，线速度为 30~50m/s。

② 进给运动：工作台在床身导轨上的直线往复运动；磨头（砂轮箱）在滑座立柱上做横向和垂直直线运动；采用液压驱动，可平滑调速。

③ 拖动方式：主轴电动机拖动砂轮旋转、液压泵电动机拖动工作台进给、冷却泵电动机拖动冷却泵。

图 7-5 M7120 平面磨床结构示意图
1—床身；2—工作台；3—电磁吸盘；
4—砂轮箱；5—立柱

3. 控制要求

① 砂轮主轴电动机、冷却泵电动机、液压泵电

动机单转，砂轮升降电动机正反转。

② 启动顺序：先冷却泵、后主轴或同时通电。

③ 保护：电磁吸盘欠压保护、短路、过载、零压等。

④ 工件去磁。

⑤ 砂轮电动机和冷却泵电动机须保证同时运行或停止。

⑥ 充磁系统与砂轮主轴电动机、冷却泵电动机、液压泵电动机应实现联锁控制，电磁吸盘没有进行充磁或充磁电压不足时，砂轮主轴电动机、冷却泵电动机、液压泵电动机应不能运行。

⑦ 主电路、控制电路应具有完善的电气保护、电器联锁功能。

⑧ 照明、指示要求。

任务　M7120 平面磨床电气控制检修

电气控制系统综述

液压泵电动机控制分析

任务描述

现场排除 M7120 平面磨床电气故障，故障现象如下：液压泵电动机不能正常工作；砂轮不能正常上升。M7120 平面磨床电气控制线路故障图如图 7-6 所示。

① 根据故障现象，在电气控制线路图上分析故障可能产生的原因，简单记录故障分析及处理过程，确定故障发生的范围，排除故障并写出故障点；

② 完成普通机床电气控制线路检修报告。

任务分析

1. 主电路分析

主电路中共有四台电动机，其中 M1 是液压泵电动机，实现工作台的往复运动；M2 是砂轮电动机，带动砂轮转动来完成磨削加工工件；M3 是冷却泵电动机；它们只要求单向旋转，分别用接触器 KM1、KM2 控制。冷却泵电动机 M3 只有在砂轮电动机 M2 运转后才能运转。M4 是砂轮升降电动机，用于磨削过程中调整砂轮与工件之间的位置。

M1、M2、M3 是长期工作的，所以都装有过载保护。M4 是短期工作的，不设过载保护。四台电动机共用一组熔断器 FU1 作短路保护。

2. 控制电路工作原理分析

（1）液压电动机 M1 控制

合上总开关 QS1 后，整流变压器一个副边输出 110V 交流电压，经桥式整流器 VC 整流后得到直流电压，使欠电压继电路 KV 获电动作，其常开触头（155-156）闭合，为启动电机做好准备。如果 KV 不能可靠动作，各电动机均无法运行。因为平面磨床的工件靠直流电磁吸盘的吸力将工件吸牢在工作台上，只有具备可靠的直流电压后，才允许启动砂轮和液压系统，以保证安全。

当 KV 吸合后，按下启动按钮 SB3，接触器 KM1 通电吸合并自锁，液压油泵电动机 M1 启动运转，HL1 灯亮。若按下停止按钮 SB2，接触器 KM1 线圈断电释放，电动

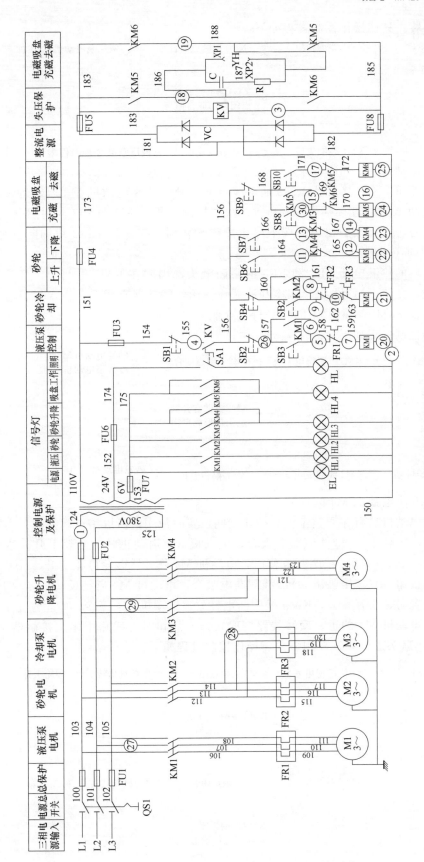

图 7-6 M7120 平面磨床电气控制线路故障图

机 M1 断电停转。具体操作控制过程如下:

砂轮电动机 M2 和冷却泵电动机 M3 控制

(2) 砂轮电动机 M2 和冷却泵电动机 M3 控制

按下启动按钮 SB5,接触器 KM2 通电吸合并自锁,砂轮电动机 M2 启动运转。由于冷却泵电动机 M3 通过接插器 X1 和 M2 联动控制,所以 M3 与 M2 同时启动运转。当不需要冷却时,可将插头拉出。按下停止按钮 SB4 时,接触器 KM2 线圈断电释放,M2 与 M3 同时断电停转。

两台电动机的热继电器 FR2 和 FR3 的常闭触头都串联在 KM2 电路中,只要有一台电动机过载,便使 KM2 失电。因冷却液循环使用,经常混有污垢杂质,很容易引起电动机 M3 过载,故用热继电器 FR3 进行过载保护。

具体操作控制过程如下:

砂轮升降电动机 M4 的控制

✎ 笔记

(3) 砂轮升降电动机 M4 的控制

砂轮升降电动机只有在调整工件和砂轮之间位置时使用,所以用点动控制。当按下点动按钮 SB6,接触器 KM3 线圈获电吸合,电动机 M4 启动正转,砂轮上升。达到所需位置时,松开 SB6,KM3 线圈断电释放,电动机 M4 停转,砂轮停止上升。

按下点动按钮 SB7,接触器 KM4 线圈获电吸合,电动机 M4 启动反转,砂轮下降,当到达所需位置时,松开 SB7,KM4 线圈断电释放,电动机 M4 停转,砂轮停止下降。

为了防止电动机 M4 的正、反转线路同时接通,故在对方线路中串入接触器 KM4 和 KM3 的常闭触头进行联锁控制。具体操作控制过程如下:

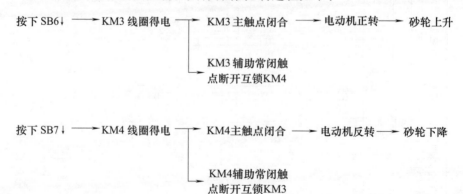

（4）电磁吸盘电路分析

电磁吸盘电路包括整流电路、控制电路和保护电路三部分。

整流装置由变压器 TC 和单相桥式全波整流器 VC 组成，供给 110V 直流电源。

控制装置由按钮 SB8、SB9、SB10 和接触器 KM5、KM6 等组成。

充磁过程如下：

按下充磁按钮 SB8，接触器 KM5 通电吸合并自锁，KM5 主触头（183-186）、(185-188) 闭合，电磁吸盘 YH 线圈获电，工作台充磁吸住工件。同时其自锁触头闭合，联锁触头断开。

磨削加工完毕，在取下加工好的工件时，先按 SB9，切断电磁吸盘 YH 的直流电源，由于吸盘和工件都有剩磁，所以需要对吸盘和工件进行去磁。

去磁过程如下：

按下点按钮 SB10，接触器 KM6 线圈获电吸合，KM6 的两对主触头（183-188）(185-186) 闭合，电磁吸盘通入反向直流电，使工作台和工件去磁。去磁时，为防止因时间过长使工作台反向磁化再次吸住工件，因而接触器 KM6 采用点动控制。

保护装置由放电电阻 R 和电容 C 以及欠电压继电器 KV 组成。电阻 R 和电容 C 的作用是：电磁吸盘是一个大电感，在充磁吸工件时，存贮有大量磁场能量。当它脱离电源时的一瞬间，吸盘 YH 的两端产生较大的自感电动势，会使线圈和其他电器损坏，故用电阻和电容组成放电回路。利用电容 C 两端的电压不能突变的特点，使电磁吸盘线圈两端电压变化趋于缓慢，利用电阻 R 消耗电磁能量。如果参数选配得当，此时 R-L-C 电路可以组成一个衰减振荡电路，对去磁将是十分有利的。欠电压继电器 KV 的作用是：在加工过程中，若电源电压不足，则电磁吸盘将吸不牢工件，会导致工件被砂轮打出，造成严重事故。因此，在电路中设置了欠电压继电器 KV，将其线圈并联在直流电源上，其常开触头（155-156）串联在液压泵电机和砂轮电机的控制电路中，若电磁吸盘吸不牢工件，KV 就会释放，使液压泵电机和砂轮电机停转，保证了安全。

（5）照明和指示灯电路分析

图中 HL 为照明灯，其工作电压为 24V，由变压器 TC 供给。SA1 为照明负荷隔离开关。EL、HL1、HL2、HL3 和 HL4 为指示灯，其工作电压为 6V，也由变压器 TC 供给。五个指示灯的作用是：

EL 亮，表示控制电路的电源正常；不亮，表示电源有故障。

HL1 亮，表示液压泵电动机 M1 处于运动状态，工作台正在进行往复运动；不亮，表示 M1 停转。

HL2 亮，表示冷却泵电动机 M3 及砂轮电动机 M2 处于运转状态；不亮，表示 M2、M3 停转。

HL3 亮，表示砂轮升降电动机 M4 处于工作状态；不亮，表示 M4 停转。

HL4 亮，表示电磁吸盘 YH 处于工作状态（充磁或去磁）；不亮，表示电磁吸盘未工作。

电磁吸盘电路分析

照明和指示灯电路分析

任务实施

1. 实践目的

① 熟悉并掌握 M7120 控制线路原理；

② 掌握 M7120 控制线路排故操作；
③ 学会填写排故实训报告。

2. 实践设备及仪器（表 7-1）

表 7-1 实践设备及工具列表

名称	规格型号	数量	备注
M7120 实训仿真平台		XX 台	
万用表		XX 个	

M7120 实训仿真平台实物图如图 7-7 所示。

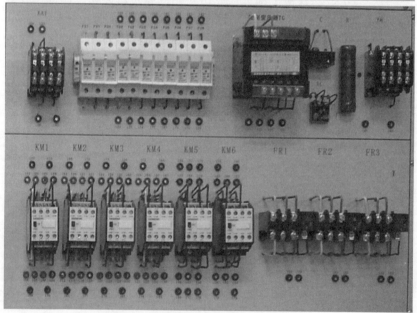

图 7-7　M7120 实训仿真平台实物图

3. 排故操作

当机床发生电气故障后，为了尽快找出故障原因，常按下列步骤进行检查分析，排除故障：

① 排故检修前的调查研究。

实际工作中一般采用问、看、听、摸。但在仿真实训台上，由于操作不会引起故障的扩大，所以直接进行操作，找出故障现象。

② 从机床电气原理图进行分析，确定产生故障的可能范围。

③ 规划检修方法与检查路线和步骤。

④ 利用各种电工测量仪表对电路进行电阻、电流、电压等参数的测量，以此进一步寻找或判断故障。

⑤ 排除故障点。

⑥ 试车确定排故结果。

4. 检修报告填写（表 7-2）

表 7-2　电气回路故障诊断与维修报告

机床名称/型号	
故障现象一	
故障分析	（针对故障现象，在电气控制线路图上分析出可能的故障范围或故障点）
故障查找	（针对故障分析结果，简单描述故障检修方法及步骤，并写出具体的故障检修结果或数据）
故障排除	（针对检修结果或数据，写出实际故障点编号或线号，并写出故障排除后的效果）
故障现象二	
故障分析	
故障查找	
故障排除	

5. 考核评分（表 7-3）

笔记

表 7-3　电气回路故障诊断与维修项目评分标准

评价内容	序号	主要内容	考核要求	评分细则	配分	扣分	得分	备注
职业素养与操作规范（20分）	1	工作前准备	清点仪器仪表，穿戴好防护用品	①未按要求穿戴好防护用品，扣5分。②工作前，未清点工具、仪表、耗材等扣5分	10			出现明显失误造成安全事故；严重违反考场纪律，造成恶劣影响的本次测试记0分
	2	"6S"规范	整理、整顿、清扫、安全、清洁、素养	①未关闭电源开关，用手触摸电气线路或带电进行线路连接或改接，立即终止考试，考试成绩判定为"不合格"；②损坏考场设施或设备，立即终止考试，考试成绩为"不合格"；③工作中乱摆放工具，乱丢杂物等扣5分；④完成任务后不清理工位扣5分	10			

续表

评价内容	序号	主要内容	考核要求	评分细则	配分	扣分	得分	备注
作品（80分）	3	调查研究	操作设备,对故障现象进行调查研究	①排除故障前不进行调查研究,未写出对应的故障现象,扣5分/个;②调查研究不充分,故障现象描述不清扣2分/个	10			出现明显失误造成安全事故;严重违反考场纪律,造成恶劣影响的本次测试记0分
	4	故障分析	在电气控制线路图上分析故障可能的原因,划定最小故障范围	①标错故障范围,扣5分/个;②不能标出最小的故障范围,扣2分/个	15			
	5	故障查找	正确使用工具和仪表,选择正确的故障检修方法查找故障	①遗漏重要检修步骤或检修步骤顺序颠倒,致使故障查找错误,每次扣5分;②未正确选择并使用仪表工具扣5分;③工作过程中造成线路短路,此项成绩计为0分	15			
	6	故障排除	找到故障现象对应的故障点,并排除故障	少排或错排故障扣20分/个	40			

实践训练环节,指导老师在讲解完任务注意事项后,按实训条件进行分组训练,在实践考核过程中,指导老师可以根据表 7-3 各项评分标准进行打分,课后布置任务拓展评分也可参考此评分标准。

项目总结

本项目主要讲解了 M7120 平面磨床电气控制线路,对电气原理图进行了详细的讲解,并安排了 M7120 平面磨床电气控制线路检修实践操作训练,目的是能熟练掌握 M7120 平面磨床电气控制线路检修相关知识。

M7120 平面磨床砂轮电动机无法启动,其检修方法与步骤类同上面介绍。

笔记

项目自检

1. 现场排除 M7120 平面磨床电气故障,故障现象如下：①控制电路无法工作;②砂轮冷却不能正常工作。M7120 平面磨床电气控制线路故障图如图 7-6 所示。

(1) 根据故障现象,在电气控制线路图上分析故障可能产生的原因,简单记录故障分析及处理过程,确定故障发生的范围,排除故障并写出故障点;

(2) 在考核过程中,考生须完成普通机床电气控制线路检修报告,普通机床电气控制线路检修报告见表 7-2。

2. 现场排除 M7120 平面磨床电气故障,故障现象如下：①电磁吸盘不能正常去磁;②砂轮不能正常下降。M7120 平面磨床电气控制线路故障图如图 7-6 所示。

(1) 根据故障现象,在电气控制线路图上分析故障可能产生的原因,简单记录故障分析及处理过程,确定故障发生的范围,排除故障并写出故障点;

(2) 在考核过程中,考生须完成普通机床电气控制线路检修报告,普通机床电气控制线路检修报告见表 7-2。

项目八

X62W万能铣床电气控制

项目引入

X62W万能铣床是机械加工行业中应用最为广泛的一种机床,其基本原理是利用高速旋转的铣刀对零件表面进行铣削加工。某工厂一台X62W万能铣床主轴电动机无法启动,该怎样检修呢?

项目目标

知识目标

1. 了解X62W万能铣床主要运动形式及控制要求;
2. 掌握X62W万能铣床电气控制线路原理;
3. 掌握X62W万能铣床的电气控制电路常见故障检修方法。

能力目标

1. 能识读X62W万能铣床的电气控制系统原理图,分析其控制功能;
2. 能进行X62W万能铣床的电气控制电路常见故障检修。

素质目标

1. 强化规矩意识、"6S"素养、零缺陷无差错职业素养;
2. 强化人际交流艺术、团队协作精神;
3. 提升自主分析问题解决问题的能力,培养创新意识。

X62W万能铣床概述

知识链接

一、X62W万能铣床基本结构

图8-1所示为机械加工中应用较广的X62W万能铣床的结构示意图,它主要由底座、床身、悬梁、刀杆支架、升降工作台、溜板及工作台等组成。

X62W万能铣床型号的含义为:

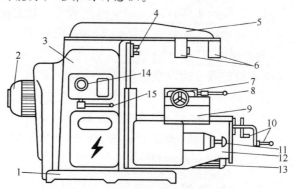

图8-1 X62W万能铣床结构示意图

1—底座;2—主轴电动机;3—床身;4—主轴;5—悬梁;
6—刀杆支架;7—工作台;8—工作台左右进给操作手柄;9—溜板;
10—工作台前后、上下操作手柄;11—进给变速手柄及变速盘;
12—升降工作台;13—进给电动机;14—主轴变速盘;15—主轴变速手柄

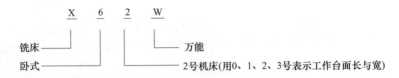

X62W万能铣床电气控制综述

二、X62W万能铣床主要运动形式及控制要求

1. X62W万能铣床运动形式

主运动：铣床的主运动是指主轴带动铣刀的旋转运动，为刀具的切削运动，有顺铣和逆铣两种加工方式。

进给运动：铣床的进给运动是指工作台带动工件在上、下、左、右、前和后6个方向上的直线运动或圆形工作台的旋转运动。

辅助运动：铣床的辅助运动是指工作台带动工件在上、下、左、右、前和后6个方向上的快速移动。

2. X62W万能铣床控制要求

① 由于铣床的主运动和进给运动之间没有严格的速度比例关系，因此铣床采用单独拖动的方式，即主轴的旋转和工作台的进给，分别由两台笼型异步电动机拖动。其中进给电动机与进给箱均安装在升降台上。

② 为了满足铣削过程中顺铣和逆铣的加工方式，要求主轴电动机能实现正、反旋转，但大多数情况下是一批或多批工件只用一种方向铣削，并不需要经常改变电动机转向。因此可以根据铣刀的种类，在加工前预先设置主轴电动机的旋转方向，而在加工过程中则不需改变其旋转方向，采用倒顺开关实现主轴电动机的正反转。

③ 由于铣刀是一种多刃刀具，其铣削过程是断续的，因此为了减小负载波动对加工质量造成的影响，主轴上装有飞轮。由于其转动惯性较大，因而要求主轴电动机能实现制动停车，以提高工作效率。

④ 工作台在6个方向上的进给运动，是由进给电动机分别拖动三根进给丝杆来实现的，每根丝杆都应该有正反向旋转，因此要求进给电动机能正反转。为了保证机床、刀具的安全，在铣削加工时，只允许工件同一时刻作某一个方向的进给运动。

另外，在用圆工作台进行加工时，要求工作台不能移动。因此，各方向的进给运动之间应有联锁保护。工作台上下、左右、前后6个方向的运动应具有限位保护。

⑤ 为了缩短调整运动的时间，提高生产效率，工作台应有快速移动控制，这里通过快速电磁铁的吸合而改变传动链的传动比来实现。

⑥ 为了适应加工的需要，主轴转速和进给转速应有较宽的调节范围，X62W万能铣床采用机械变速的方法即改变变速箱的传动比来实现，简化了电气调速控制电路。为了保证在变速时齿轮易于啮合，减小齿轮端面的冲击，要求主轴和进给电动机变速时都应具有变速冲动控制。

⑦ 根据工艺要求，主轴旋转与工作台进给应有先后顺序控制的联锁关系，即进给运动要在铣刀旋转之后才能进行。铣刀停止旋转，进给运动就该同时停止或提前停止，否则易造成工件与铣刀相碰事故。

⑧ 为了使操作者能在铣床的正面、侧面方便地进行操作，对主轴电动机的启动、停止以及工作台进给运动的选向和快速移动，设置了多地点控制（两地控制）方案。

⑨ 冷却泵电动机用来拖动冷却泵，有时需要对工件、刀具进行冷却润滑，只需单方向旋转。

⑩ 应有局部照明电路。

任务　X62W 万能铣床电气控制检修

任务描述

现场排除 X62W 万能铣床电气故障，故障现象如下：①工作台不能向上向前向左运动；②主轴不能完成反接制动。X62W 万能铣床电气控制线路故障如图 8-2 所示。

① 根据故障现象，在电气控制线路图上分析故障可能产生的原因，简单记录故障分析及处理过程，确定故障发生的范围，排除故障并写出故障点；

② 完成普通机床电气控制线路检修报告。

任务分析

1. 主电路分析

① M1 是主轴电动机，由接触器 KM1、KM2 和 SA4 控制正反转、制动及冲动，热继电器 FR1 作过载保护。

② M2 是工作台进给电动机，由接触器 KM3、KM4 控制正反转，电磁线圈 YA 控制快慢速，热继电器 FR2 作过载保护。

③ M3 是冷却泵电动机，由接触器 SA1 控制，热继电器 FR3 作过载保护。

④ EL 表示工作照明灯，由开关 SA4 控制。

⑤ 熔断器 FU1 作机床总短路保护，也兼作 M1 的短路保护；FU2 作为 M2、M3 及控制变压器和照明变压器一次侧的短路保护。

X62W 万能铣床主轴电动机控制

2. 控制电路分析

（1）主轴电动机的控制

控制线路的启动按钮 SB3 和 SB4 是异地控制按钮，分别装在机床两处，方便操作。SB1 和 SB2 是停止按钮。KM1 是主轴电动机 M1 的启动接触器，SA4 为转向控制开关，SQ7 是主轴变速冲动的行程开关。主轴电动机是经过弹性联轴器和变速机构的齿轮传动链来实现变速传动的，可使主轴获得十八级不同的转速。

① 主轴电动机的启动。启动前先合上电源开关 QS1，再把主轴转换开关 SA4 扳到所需要的旋转方向。主轴换向转换开关 SA4 开合见表 8-1 所示。

然后按启动按钮 SB3（或 SB4），接触器 KM1 获电动作并自锁，其主触头闭合，主轴电动机 M1 启动。接触器 KM1 的一对常开辅助触头（113-114）实现自锁，另一对常开辅助触头（119-120）使下面的控制电路有可能得电，实现顺序控制。

② 主轴电动机的停车制动。当铣削完毕后，按停止按钮 SB1（SB2），接触器 KM1 线圈断电释放，电动机 M1 停电，但速度继电器的触点 KS1 闭合着，故 KM1 断电后，制动接触器 KM2 就立即通电，进行反接制动，电动机转速急剧下降，直至电动机转速

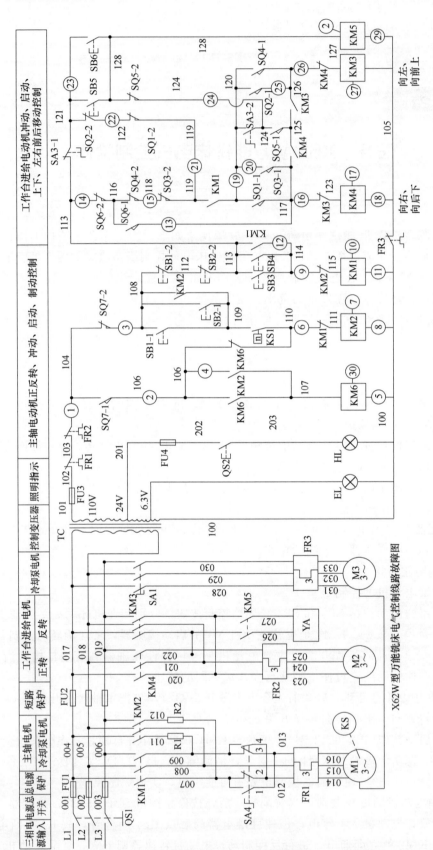

图 8-2 X62W 万能铣床电气控制线路故障图

表 8-1 主轴换向转换开关说明

触头位置	右转（顺铣）	停止	左转（逆铣）
SA4-1	—	—	＋
SA4-2	＋	—	—
SA4-3	＋	—	—
SA4-4	—	—	＋

注："＋"表示触头闭合，"—"表示触头断开。如选择顺铣时，将 SA4 右转，SA4-2、SA4-3 接通。

接近速度继电器的动作转速时，速度继电器触点断开，制动结束。为了限制较大的制动电流，制动时定子绕组中串入了限流电阻 $R1$ 和 $R2$。

③ 主轴变速时的冲动控制。主轴变速时的冲动控制是利用变速手柄与冲动行程开关 SQ7 通过机械上的联动机构进行的。主轴变速冲动控制机构如图 8-3 所示。

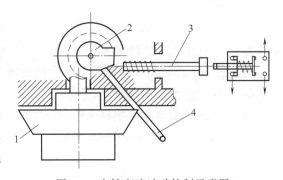

图 8-3 主轴变速冲动控制示意图
1—变速盘；2—凸轮；3—弹簧杆；4—变速手柄

首先将主轴变速手柄微微压下，使它从第一道槽内拔出，然后拉向第二道槽。当落入第二道槽内后，再旋转主轴变速盘，选好速度，将手柄以较快速度推回原位。若推不上时，再一次拉回来、推过去，直至手柄推回原位，变速操作才完成。在变速操作中，就在将手柄拉到第二道槽或从第二道槽推回原位的瞬间，通过变速手柄联结的凸轮压下弹簧杆一次，而弹簧杆将碰撞变速冲动开关 SQ7，使其动作一次并随即复位。这样，若原来主轴旋转着，当将变速手柄拉到第二道槽时，主电动机 M1 被反接制动，速度迅速下降。当选好速度将手柄推回原位时，冲动开关又动作一次，主电动机 M1 低速反转，有利于变速后的齿轮啮合。由此可见，可进行不停车直接变速。若原来处于停车状态，则不难想到，在主轴变速操作中，SQ7 第一次动作时 M1 反转一下，SQ7 第二次动作时 M1 又反转一下，故也可停车变速。若要求主轴在新的速度下运行，则需重新启动主电动机。主轴在非变速状态时，同主轴变速手柄关联的主轴变速冲动限位开关 SQ7 不受压。KM6 起保护作用，当主轴变速手柄推不上时，可以不需快速拉回，限位开关 SQ7 长时间受压时，KM2 得电后使 KM6 得电自锁，进而使 KM2 断电，电机 M1 只会转动一下，不会启动运行。

（2）工作台进给电动机控制

当工作台手动运行时，将手自动转换开关 SA3 置于"手动"位置，则 SA3-1 闭合，SA3-2 闭合，当工作台自动运行时，将手自动转换开关 SA3 置于"自动"位置，SA2-1 断开，SA2-2 闭合。它们的触头开合状态见表 8-2。

表 8-2 工作台手动-自动转换开关说明

触头位置	手动	自动
SA3-1	＋	—
SA3-2	—	＋

X62W 万能铣床工作台进给电动机控制

✎笔记

① 工作台纵向进给。工作台的左右（纵向）运动是由"工作台纵向操纵手柄"来控制。纵向手柄有两个，一个安装在工作台底座顶部中央位置，另一个安装在工作台底座的左下方。手柄有三个位置：向左、向右、零位（停止）。当手柄扳到向左或向右位置时，手柄有两个功能，一是压下位置开关 SQ2 或 SQ1，二是通过机械机构将电动机的传动链拨到工作台下面的丝杆上，使电动机的动力唯一地传到该丝杆上，工作台在丝杆带动下做左右进给。在工作台两端各设置一块挡铁，当工作台纵向运动到极限位置时，挡铁撞动纵向操作手柄，使它回到中间位置，工作台停止运动，从而实现纵向运动的终端保护。

② 工作台向右运动。主轴电动机 M1 启动后，将操纵手柄向右扳，其联动机构压动位置开关 SQ1，常开触头 SQ1-1 闭合，常闭触头 SQ1-2 断开，接触器 KM4 通电吸合，电动机 M2 正转启动，带动工作台向右进给。

③ 工作台向左进给。控制过程与向右进给相似，只是将纵向操作手柄拨向左，这时位置开关 SQ2 被压着，SQ2-1 闭合，SQ2-2 断开，接触器 KM3 通电吸合，电动机反转，工作台向左进给。具体见表 8-3。

表 8-3 工作台纵向进给行程开关说明

触头位置	向右	中间位置	向左
SQ1-1	+	−	−
SQ1-2	−	+	+
SQ2-1	−	−	+
SQ2-2	+	+	−

④ 工作台升降和横向（前后）进给。操纵工作台上下和前后运动是用同一十字手柄"工作台升降与横向操纵手柄"完成的，此操纵手柄有两个，实现两地控制，分别安装在工作台的左侧前方和后方。该手柄有五个位置，即上、下、前、后和中间位置。当手柄扳向上或向下时，机械手上接通了垂直进给离合器；当手柄扳向前或扳向后时，机械手上接通了横向进给离合器手柄在中间位置时，横向和垂直进给离合器均不接通。

操纵手柄的联动机构与行程开关 SQ3 和 SQ4 相联接。在手柄扳到向下或向后位置时，手柄通过机械联动机构使位置开关 SQ3 被压动，接触器 KM4 通电吸合，电动机正转；在手柄扳到向上或向前时，位置开关 SQ4 被压动，接触器 KM3 通电吸合，电动机反转。

此五个位置是联锁的，各方向的进给不能同时接通，所以不可能出现传动紊乱的现象。

⑤ 工作台向上（下）运动。在主轴电机启动后，将纵向操作手柄扳到中间位置，把横向和升降操作手柄扳到向上（下）位置，并联动机构一方面接通垂直传动丝杆的离合器；另一方面它使位置开关 SQ4（SQ3）动作，KM3（KM4）获电，电动机 M2 反（正）转，工作台向上（下）运动。将手柄扳回中间位置，工作台停止运动。

⑥ 工作台向前（后）运动。手柄扳到向前（后）位置，机械装置将横向传动丝杆的离合器接通，同时压动位置开关 SQ4（SQ3），KM3（KM4）获电，电动机 M2 反

(正)转,工作台向前(后)运动。具体见表8-4。

表 8-4　工作台横向及升降进给行程开关说明

触头位置	向后、向下	中间位置	向前、向上
SQ3-1	+	−	−
SQ3-2	−	+	+
SQ4-1	−	−	+
SQ4-2	+	+	−

当工作台升降到上限或下限位置时,床身导轨旁的挡铁和工作台底座上的挡铁撞动十字手柄,使其回到中间位置,行程开关动作,升降便停止运动,从而实现垂直运动的终端保护。工作台横向运行的终端保护也是利用装在工作台上的挡铁撞动十字手柄来实现的。

联锁问题

单独对垂直和横向操作手柄而言,采用"+"槽的机械互锁,上下前后四个方向只能选择其一,绝不会出现两个方向的可能性。但是操作这个手柄时,纵向操作手柄应扳到中间位置。倘若违背这一要求,即在上下前后四个方向中的某个方向进给时,又将控制纵向的手柄拨动了,这时有两个方向进给,将造成机床重大事故,所以必须联锁保护,X62W万能铣床采用了电气联锁。当垂直和横向操作手柄扳到某一方向而选择了向后下或向前上进给时,SQ3或SQ4被压着,它们的常闭触头SQ3-2或SQ4-2是断开的,接触器KM4或KM3都由SQ1-2或SQ2-2接通。若纵向手柄扳到任一方向,SQ1-2或SQ2-2两个位置开关中的一个被压开,接触器KM4或KM3立刻失电,电动机M2停转,从而得到保护。

同理,当纵向操作手柄扳到某一方向而选择了向右或向左进给时,SQ1或SQ2被压着,它们的常闭触头SQ1-2或SQ2-2是断开的,接触器KM4或KM3都由SQ3-2或SQ4-2接通。若发生误操作,使垂直和横向操作手柄扳离了中间位置,而选择上、下、前、后某一方向的进给,就一定使SQ3-2或SQ4-2断开,使KM3或KM4断电释放,电动机M2停止运转,避免了机床事故。

⑦进给变速冲动。和主轴变速一样,进给变速时,为使齿轮进入良好的啮合状态,也要做变速后的瞬时点动。在进给变速时,只需将变速盘(在升降后前面)往外拉,使进给齿轮松开,待转动变速盘选择好速度以后,将变速盘向里推。在推进时,挡块压动位置开关SQ6,首先使常闭触头SQ6-2断开,然后常触头SQ6-1闭合,接触器KM4通电吸合,电动机M2启动。但它并未转起来,位置开关SQ6已复位,首先断开SQ6-1,而后闭合SQ6-2。接触器KM4失电,电动机M2失电停转。这样一来,使电动机接通一下电源,齿轮系统产生一次抖动,使齿轮啮合顺利进行。

⑧工作台的快速移动。为了提高劳动生产率,减少生产辅助时间,X62W万能铣床在加工过程中,不作铣削加工时,要求工作台快速移动,当进入铣切区时,要求工作台以原进给速度移动。

安装好工件后,按下按钮SB5或SB6(两地控制),接触器KM5通电吸合,快速电磁铁线圈YA通电,工作台作快速移动。松开SB5或SB6,快速移动停止,工作台仍按原来方向做进给运动。

笔记

X62W万能铣床冷却、照明控制、保护

3. 冷却和照明控制

冷却泵电动机 M3 的动作由转换开关 SA1 控制，无失压保护功能，不影响安全操作。

机床照明由变压器 T 供给 24V 安全电压，灯开关为 QS2。

M1 和 M2 为连续工作制，由 FR1 和 FR2 实现过载保护。

熔断器 FU1 作机床主电路总短路保护，也兼作 M1 的短路保护；FU2 作为 M2、M3 及控制变压器和照明变压器一次侧的短路保护，FU3 实现控制电路的短路保护，FU4 实现照明电路的短路保护。

另外，还有工作台终端极限保护和各种运动的联锁保护。

任务实施

1. 实践目的

① 熟悉并掌握 X62W 万能铣床控制线路原理；
② 掌握 X62W 万能铣床控制线路排故操作；
③ 学会填写排故实训报告填写。

2. 实践设备及仪器见表 8-5。

表 8-5 实践设备及工具列表

名称	规格型号	数量	备注
X62W 万能铣床实训仿真平台		XX 台	
万用表		XX 个	

X62W 万能铣床实训仿真平台实物图如图 8-4 所示。

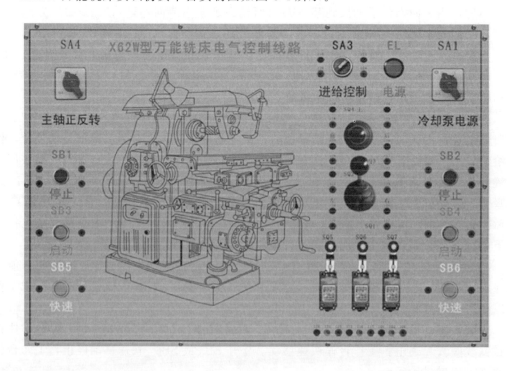

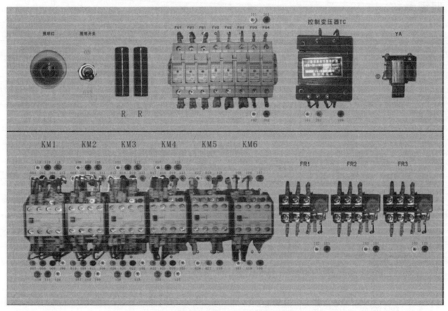

图 8-4　X62W 万能铣床实训仿真平台实物图

3. 排故操作

当机床发生电气故障后，为了尽快找出故障原因，常按下列步骤进行检查分析，排除故障。

① 排故检修前的调查研究。实际工作中一般采用问、看、听、摸。但在仿真实训台上，由于操作不会引起故障的扩大，所以直接进行操作，找出故障现象。

② 从机床电气原理图进行分析，确定产生故障的可能范围。

③ 规划检修方法与检查路线和步骤。

④ 利用各种电工测量仪表对电路进行电阻、电流、电压等参数的测量，以此进一步寻找或判断故障。

⑤ 排除故障点。

⑥ 试车确定排故结果。

4. 检修报告填写（表 8-6）

表 8-6　电气回路故障诊断与维修报告

机床名称/型号	
故障现象一	
故障分析	（针对故障现象，在电气控制线路图上分析出可能的故障范围或故障点）
故障查找	（针对故障分析结果，简单描述故障检修方法及步骤，并写出具体的故障检修结果或数据）
故障排除	（针对检修结果或数据，写出实际故障点编号或线号，并写出故障排除后的效果）
故障现象二	
故障分析	
故障查找	
故障排除	

5. 现场考核

表 8-7　电气回路故障诊断与维修项目评分标准

评价内容	序号	主要内容	考核要求	评分细则	配分	扣分	得分	备注
职业素养与操作规范（20分）	1	工作前准备	清点仪器仪表，穿戴好防护用品	①未按要求穿戴好防护用品，扣5分； ②工作前，未清点工具、仪表、耗材等扣5分	10			出现明显失误造成安全事故；严重违反考场纪律，造成恶劣影响的本次测试记0分
	2	"6S"规范	整理、整顿、清扫、安全、清洁、素养	①未关闭电源开关，用手触摸电气线路或带电进行线路连接或改接，立即终止考试，考试成绩判定为"不合格"； ②损坏考场设施或设备，立即终止考试，考试成绩为"不合格"； ③工作中乱摆放工具，乱丢杂物等扣5分； ④完成任务后不清理工位扣5分	10			
作品（80分）	3	调查研究	操作设备，对故障现象进行调查研究	①排除故障前不进行调查研究，未写出对应的故障现象，扣5分/个； ②调查研究不充分，故障现象描述不清扣2分/个	10			
	4	故障分析	在电气控制线路图上分析故障可能的原因，划定最小故障范围	①标错故障范围，扣5分/个； ②不能标出最小的故障范围，扣2分/个	15			
	5	故障查找	正确使用工具和仪表，选择正确的故障检修方法查找故障	①遗漏重要检修步骤或检修步骤顺序颠倒，致使故障查找错误，每次扣5分； ②未正确选择并使用仪表工具扣5分； ③工作过程中造成线路短路，此项成绩计为0分	15			
	6	故障排除	找到故障现象对应的故障点，并排除故障	少排或错排故障扣20分/个	40			

实践训练环节，指导老师在讲解完任务注意事项后，按实训条件进行分组训练，在实践考核过程中，指导老师可以根据表8-7各项评分标准进行打分，课后布置任务拓展评分也可参考此评分标准。

项目总结

本项目主要讲解了X62W万能铣床电气控制线路，对电气原理图进行了详细的讲解，并安排了X62W万能铣床电气控制线路检修实践操作训练，目的是能熟练掌握

X62W 万能铣床电气控制线路检修相关知识。

X62W 万能铣床主轴电机无法启动，其检修方法与步骤类同上面介绍。

项目自检

1. 现场排除 X62W 万能铣床电气故障，故障现象如下：①主轴冲动不能正常进行；②工作台不能向下、向后、向右运动。X62W 万能铣床电气控制线路故障图如图 8-2 所示。

（1）根据故障现象，在电气控制线路图上分析故障可能产生的原因，简单记录故障分析及处理过程，确定故障发生的范围，排除故障并写出故障点；

（2）在考核过程中，考生须完成普通机床电气控制线路检修报告，普通机床电气控制线路检修报告见表 8-7。

2. 现场排除 X62W 万能铣床电气故障，故障现象如下：①工作台不能向上向前向左运动；②主轴不能完成反接制动。X62W 万能铣床电气控制线路故障图如图 8-2 所示。

（1）根据故障现象，在电气控制线路图上分析故障可能产生的原因，简单记录故障分析及处理过程，确定故障发生的范围，排除故障并写出故障点；

（2）在考核过程中，考生须完成普通机床电气控制线路检修报告，普通机床电气控制线路检修报告见表 8-7。

✎ 笔记

项目九

Z3050摇臂钻床电气控制

项目引入

摇臂钻床是机械加工行业中应用最为广泛的一种机床,其基本原理是利用高速旋转的钻花对零件表面进行钻孔。某工厂一台 Z3050 摇臂钻床主轴电机无法启动,该怎样检修呢?

项目目标

知识目标

1. 了解 Z3050 摇臂钻床主要运动形式及控制要求;
2. 掌握 Z3050 摇臂钻床电气控制线路原理;
3. 掌握 Z3050 摇臂钻床的电气控制电路常见故障检修方法。

能力目标

1. 能识读 Z3050 摇臂钻床的电气控制系统原理图,分析其控制功能;
2. 能进行 Z3050 摇臂钻床的电气控制电路常见故障检修。

素质目标

1. 强化规矩意识、"6S"素养、零缺陷无差错职业素养;
2. 强化人际交流艺术、团队协作精神;
3. 提升自主分析问题解决问题的能力,培养创新意识。

知识链接

一、Z3050 摇臂钻床基本结构

图 9-1 所示为机械加工中应用较广的 Z3050 摇臂钻床的结构示意图,它主要由底座、内立柱、外立柱、摇臂、主轴箱及工作台等部分组成。

Z3050 摇臂钻床型号的含义为:

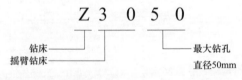

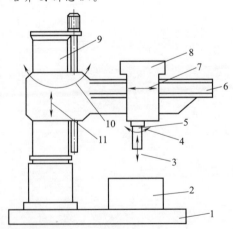

图 9-1 Z3050 摇臂钻床结构示意图

1—底座;2—工作台;3—主轴纵向进给;4—主轴旋转主运动;
5—主轴;6—摇臂;7—主轴箱沿摇臂径向运动;
8—主轴箱;9—内外立柱;10—摇臂回转运动;11—摇臂垂直移动

二、Z3050 摇臂钻床主要运动形式及控制要求

1. Z3050 型摇臂钻床的运动形式

主运动：摇臂钻床的主运动为主轴的旋转运动。

进给运动：进给运动为主轴的纵向进给。

辅助运动：摇臂沿外立柱垂直移动；主轴箱沿摇臂长度方向作径向移动；摇臂与外立柱一起绕内立柱的回转运动。

2. Z3050 型摇臂钻床控制要求

① 一台主轴电动机拖动主运动与进给运动。分别经主轴传动机构、进给传动机构实现主轴的旋转和进给。加工螺纹要求的主轴正反转、主轴的上下进给、主轴和进给的变速都通过机械方法实现，因此主轴电动机电气控制上只要求单向转动，不需要电气调速。

② 辅助运动控制要求。摇臂沿外立柱垂直移动采用摇臂升降电动机拖动，通过螺旋传动来实现，要求电动机能正反转；摇臂的移动必须按照摇臂松开→摇臂移动→摇臂移动到位自动夹紧的程序进行。

主轴箱沿摇臂长度方向作径向移动，摇臂与外立柱一起绕内立柱的回转运动由手动操作控制。

所有上述辅助运动都必须是在夹紧装置松开的情况下进行。夹紧装置的控制通过液压泵电机拖动液压泵驱动夹紧机构来完成，实现主轴箱、内外立柱和摇臂的夹紧与松开，因此要求液压泵电机能正反转，点动控制。

③ 冷却泵电动机用来拖动冷却泵，有时需要对工件、刀具进行冷却润滑，只需单方向旋转。

④ 应有局部照明电路。

项目实施

任务 Z3050 摇臂钻床电气控制检修

任务描述

现场排除 Z3050 摇臂钻床电气故障，故障现象如下：①摇臂不能正常放松；②摇臂不能正常上升。Z3050 摇臂钻床电气控制线路故障图如图 9-2 所示。

① 根据故障现象，在电气控制线路图上分析故障可能产生的原因，简单记录故障分析及处理过程，确定故障发生的范围，排除故障并写出故障点；

② 完成普通机床电气控制线路检修报告。

任务分析

1. 主电路分析

Z3050 钻床有四台电机，除冷却泵采用开关直接启动外，其余三台异步电动机均采

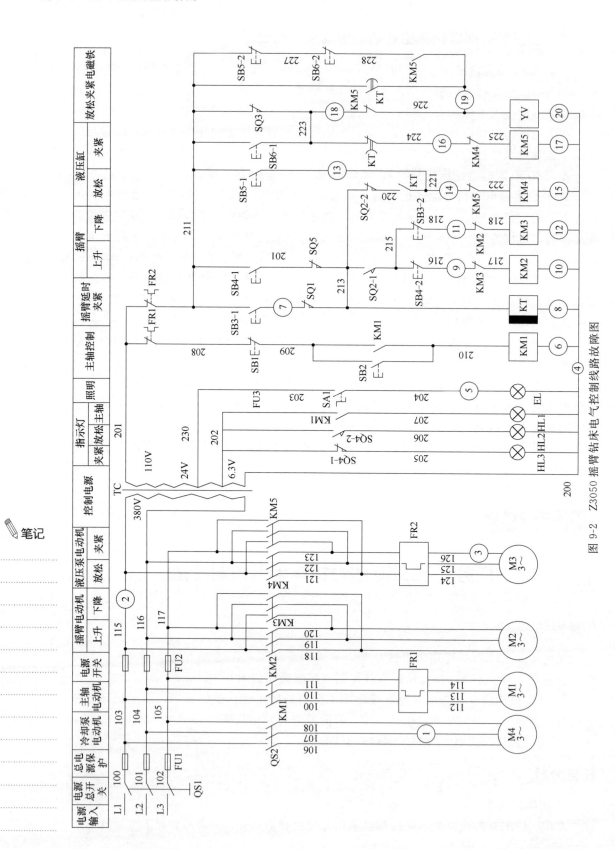

图 9-2 Z3050 摇臂钻床电气控制线路故障图

用接触器启动。

M1 是主轴电动机，由交流接触器 KM1 控制，只要求单方向旋转，主轴的正反转由机械手柄操作，M1 装在主轴箱顶部，带动主轴及进给传动系统，热继电器 FR1 是过载保护元件，短路保护是总电源开关中的电磁脱扣装置。

M2 是摇臂升降电动机，装于立柱顶部，用接触器 KM2 和 KM3 控制正反转。因为该电动机短时间工作，故不设过载保护电器。

M3 是液压油泵电动机，可以做正向转动和反向转动。正向旋转和反向旋转的启动与停止由接触器 KM4 和 KM5 控制。热继电器 FR2 是液压油泵电动机的过载保护电器。该电动的主要作用是供给夹紧装置压力油，实现摇臂和立柱的夹紧和松开。

M4 是冷却泵电动机，功率很小，由断路器 QS2 直接启动和停止。

2. 控制电路工作原理分析

（1）主轴电动机的控制

按启动按钮 SB2，则接触器 KM1 吸合并自锁，使主电动机 M1 启动运行。按停止按钮 SB1 则接触器 KM1 释放，使主轴电动机 M1 停止旋转。

（2）摇臂升降控制

① 摇臂上升。按上升按钮 SB3，则断电延时时间继电器 KT 通电吸合，它的瞬时闭合的动合触头（220-221）和延时触点（211-226）均闭合，延时触点（223-224）断开，接触器 KM4 线圈通电，电磁铁线圈 YV 得电。液压油泵电动机 M3 启动正向旋转，供给压力油，压力油经电磁换向阀进入摇臂的"松开油腔"，推动活塞移动，活塞推动菱形块，将摇臂松开。同时活塞杆通过弹簧片压下位置开关 SQ2，同时使位置开关 SQ3 释放。SQ2 动断触点（213-220）断开，动合触头（213-215）闭合。前者切断了接触器 KM4 的线圈电路，KM4 主触头断开，液压油泵电机停止工作，后者使交流接触器 KM2 的线圈通电，主触头接通 M2 的电源，摇臂升降电动机启动正向旋转，带动摇臂上升，如果此时摇臂未松开，则位置开关 SQ2 常开触头不闭合，接触器 KM2 就不能吸合，摇臂就不能上升。由于在 SQ2 被压下的同时位置开关 SQ3 被释放，所以 SQ3 动断触点（211-223）复位，让电磁铁线圈 YV 持续得电。

当摇臂上升到所需位置时，松开按钮 SB3 则接触器 KM2 和时间继电器 KT 同时断电释放，M2 停止工作，随之摇臂停止上升。

由于时间继电器 KT 断电释放，经延时后，其延时闭合的常闭触点（223-224）闭合，使接触器 KM5 吸合，液压泵 M3 反向旋转。尽管 KT 的延时断开的常开触点（211-226）断开，但电磁铁线圈 YV 依然通过 KM5（228-226）持续得电，使泵内压力油经电磁换向阀进入摇臂的"夹紧油腔"，摇臂夹紧。当摇臂被夹紧时，活塞杆通过弹簧片使位置开关 SQ3 的动断触点（211-223）断开，KM5 断电释放，最终停止 M3 工作，KM5（228-226）断开，电磁铁线圈 YV 断电，完成了摇臂的松开上升、夹紧的整套动作。

摇臂上升（摇臂松开—摇臂上升—摇臂夹紧）整个控制过程具体分析如下：

摇臂松开阶段［初始状态要处于夹紧，则 SQ3 压下，SQ3（211-223 断开）］：

笔记

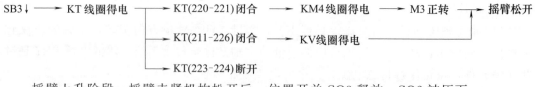

摇臂上升阶段：摇臂夹紧机构松开后，位置开关 SQ3 释放，SQ2 被压下。

摇臂上升到位：松开按钮 SB3，摇臂自动夹紧。

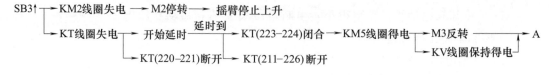

② 摇臂下降。按下降按钮 SB4，则时间继电器 KT 通电吸合，其常开触头闭合，接通 KM4 的线圈电源，液压油泵 M3 启动正向旋转，供给松开压力油。与前面叙述的过程相似，先使摇臂松开，接着压着位置开关 SQ2，其常闭触头断开，使 KM4 断电释放，液压油泵电机停止工作；其常开触点闭合，使 KM3 线圈通电，摇臂升降电机 M2 反向运行，带动摇臂下降。

当摇臂下降到所需位置时，松开按钮 SB4，则接触器 KM3 和时间继电器 KT 同时断电释放，M2 停止工作，摇臂停止下降。

笔记

由于时间继电器 KT 断电释放，经一定时间的延时后，其延时闭合的常闭触头闭合，KM5 线圈获电，液压泵电机 M3 反向旋转，供给加紧压力油，随之摇臂夹紧。在摇臂夹紧的同时，使位置 SQ3 断开，KM5 断电释放，最终停止 M3 工作，完成了摇臂的松开、下降、夹紧的整套动作。

摇臂下降过程分析由于与摇臂上升相似，故省略。

位置开关 SQ1 和 SQ5 用来限制摇臂的升降超程。当摇臂上升到极限位置时，SQ1 动作，接触器 KM2 断电释放，M2 停止运行，摇臂停止上升；当摇臂下降到极限位置时，SQ5 动作，接触器 KM3 断电释放，M2 停止旋转，摇臂停止下降。

③ 立柱和主轴箱的夹紧与松开控制。按下按钮 SB5，KM4 线圈得电，液压泵电动机 M3 正转，因为 SB5 的复合常闭触点断开确保电磁铁线圈 YV 不得电使供出的压力油进入立柱和主轴箱松开油腔，使立柱和主轴箱同时松开。

立柱和主轴箱同时夹紧的工作原理与松开相似，只要把 SB5 换成 SB6，接触器 KM4 换成 KM5，M3 由正转换成反转即可。

3. 照明、信号控制

当立柱和主轴箱处于夹紧状态时，位置开关 SQ4 被压下，此时夹紧指示灯 HL2 亮，当立柱和主轴箱被松开，SQ4 被释放，指示灯 HL3 亮。照明灯 EL 由开关 SA1 控制，HL1 为主轴工作指示灯。

任务实施

1. 实践目的

① 熟悉并掌握 Z3050 摇臂钻床控制线路原理；
② 掌握 Z3050 摇臂钻床控制线路排故操作；
③ 学会填写排故实训报告填写。

2. 实践设备及仪器（表 9-1）

表 9-1 实践设备及工具列表

名称	规格型号	数量	备注
Z3050 摇臂钻床实训仿真平台		XX 台	
万用表		XX 个	

Z3050 摇臂钻床实训仿真平台实物图如图 9-3 所示。

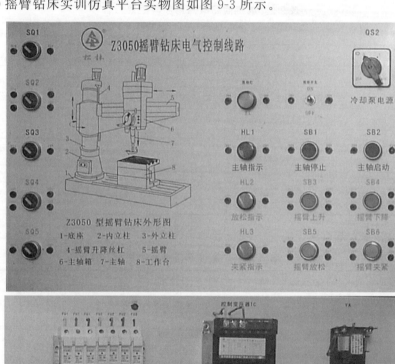

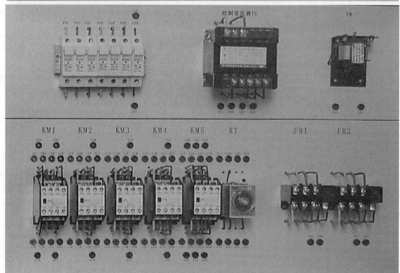

图 9-3　Z3050 摇臂钻床实训仿真平台实物图

3. 排故操作

当机床发生电气故障后，为了尽快找出故障原因，常按下列步骤进行检查分析，排除故障。

① 排故检修前的调查研究。实际工作中一般采用问、看、听、摸。但在仿真实训台上，由于操作不会引起故障的扩大，所以直接进行操作，找出故障现象。

② 从机床电气原理图进行分析，确定产生故障的可能范围。

③ 规划检修方法与检查路线和步骤。

④ 利用各种电工测量仪表对电路进行电阻、电流、电压等参数的测量，以此进一步寻找或判断故障。

⑤ 排除故障点。

⑥ 试车确定排故结果。

4. 检修报告填写（表9-2）

表9-2 电气回路故障诊断与维修报告

机床名称/型号	
故障现象一	
故障分析	（针对故障现象，在电气控制线路图上分析出可能的故障范围或故障点）
故障查找	（针对故障分析结果，简单描述故障检修方法及步骤，并写出具体的故障检修结果或数据）
故障排除	（针对检修结果或数据，写出实际故障点编号或线号，并写出故障排除后的效果）
故障现象二	
故障分析	
故障查找	
故障排除	

5. 考核评分（表9-3）

笔记

表9-3 电气回路故障诊断与维修项目评分标准

评价内容	序号	主要内容	考核要求	评分细则	配分	扣分	得分	备注
职业素养与操作规范（20分）	1	工作前准备	清点仪器仪表，穿戴好防护用品	①未按要求穿戴好防护用品，扣5分；②工作前，未清点工具、仪表、耗材等扣5分	10			出现明显失误造成安全事故；严重违反考场纪律，造成恶劣影响的本次测试记0分
	2	"6S"规范	整理、整顿、清扫、安全、清洁、素养	①未关闭电源开关，用手触摸电气线路或带电进行线路连接或改接，立即终止考试，考试成绩判定为"不合格"；②损坏考场设施或设备，立即终止考试，考试成绩为"不合格"；③工作中乱摆放工具、乱丢杂物等扣5分；④完成任务后不清理工位扣5分	10			
	3	调查研究	操作设备，对故障现象进行调查研究	①排除故障前不进行调查研究，未写出对应的故障现象，扣5分/个；②调查研究不充分，故障现象描述不清扣2分/个	10			

续表

评价内容	序号	主要内容	考核要求	评分细则	配分	扣分	得分	备注
作品（80分）	4	故障分析	在电气控制线路图上分析故障可能的原因，划定最小故障范围	①标错故障范围，扣5分/个；②不能标出最小的故障范围，扣2分/个	15			出现明显失误造成安全事故；严重违反考场纪律，造成恶劣影响的本次测试记0分
	5	故障查找	正确使用工具和仪表，选择正确的故障检修方法查找故障	①遗漏重要检修步骤或检修步骤顺序颠倒，致使故障查找错误，每次扣5分；②未正确选择并使用仪表工具扣5分；③工作过程中造成线路短路，此项成绩计为0分	15			
	6	故障排除	找到故障现象对应的故障点，并排除故障	少排或错排故障扣20分/个	40			

实践训练环节，指导老师在讲解完任务注意事项后，按实训条件进行分组训练，在实践考核过程中，指导老师可以根据表9-3各项评分标准进行打分，课后布置任务拓展评分也可参考此评分标准。

项目总结

本项目主要讲解了Z3050摇臂钻床电气控制线路，对电气原理图进行了详细的讲解，并安排了Z3050摇臂钻床电气控制线路检修实践操作训练，目的是能熟练掌握Z3050摇臂钻床电气控制线路检修相关知识。

Z3050摇臂钻床主轴电机无法启动，其检修方法与步骤类同上面介绍。

项目自检

1. 现场排除Z3050摇臂钻床电气故障，故障现象如下：①控制电路无法正常工作；②摇臂不能夹紧。Z3050摇臂钻床电气控制线路故障图如图9-2所示。

① 根据故障现象，在电气控制线路图上分析故障可能产生的原因，简单记录故障分析及处理过程，确定故障发生的范围，排除故障并写出故障点；

② 在考核过程中，考生须完成普通机床电气控制线路检修报告，普通机床电气控制线路检修报告见表9-2。

2. 现场排除Z3050摇臂钻床电气故障，故障现象如下：①液压泵控制不能正常运行；②摇臂不能正常放松。Z3050摇臂钻床电气控制线路故障图如图9-2所示。

① 根据故障现象，在电气控制线路图上分析故障可能产生的原因，简单记录故障分析及处理过程，确定故障发生的范围，排除故障并写出故障点；

② 在考核过程中，考生须完成普通机床电气控制线路检修报告，普通机床电气控制线路检修报告见表9-2。

参 考 文 献

[1] 杨林建. 机床电气控制技术 [M]. 北京：北京理工大学出版社，2019.

[2] 蔡厚道. 数控机床构造 [M]. 北京：北京理工大学出版社，2016.

[3] 袁忠. 电机拖动及机床电气控制技术应用 [M]. 北京：高等教育出版社，2014.

[4] 李乃夫，刘鹏飞，韩俊青. 机床电气及 PLC 控制 [M]. 北京：高等教育出版社，2016.

[5] 杜德昌，路坤. 机床电气控制技术与技能 [M]. 北京：高等教育出版社，2015.

[6] 黄媛媛. 机床电气控制 [M]. 北京：机械工业出版社，2018.

[7] 李向东. 机床电气控制与 PLC [M]. 北京：机械工业出版社，2018.

[8] 宋昌才. 一图一题学电路——常用机床电气控制电路 [M]. 北京：化学工业出版社，2018.

[9] 韩雪涛. 电气控制线路：基础·控制器件·识图·接线与调试 [M]. 北京：化学工业出版社，2020.

[10] 史国生，曹弋. 电气控制与可编程控制器技术 [M]. 北京：化学工业出版社，2020.